① 李威在世界脑力锦标赛获奖
② 李威在江苏卫视《最强大脑》节目现场
③ 李威与女儿在一起
④ 袁文魁老师与学员合影（左二为"最强大脑"申一帆）

①李威进行记忆法讲座
②李威与英国选手Katie合影
③李威与著名演员舒淇合影
④李威与中国羽毛球队总教练李永波合影

最强大脑李威
金牌教练袁文魁

教你轻松学习记忆法

李威　袁文魁　著

图书在版编目（CIP）数据

最强大脑李威金牌教练袁文魁：教你轻松学习记忆法 / 李威，袁文魁著.
— 北京：北京大学出版社，2016.7
　ISBN 978-7-301-27232-9

Ⅰ. ①最… Ⅱ. ①李… ②袁… Ⅲ. ①记忆术 Ⅳ. ① B842.3

中国版本图书馆 CIP 数据核字 (2016) 第 145531 号

书　　　名	最强大脑李威金牌教练袁文魁：教你轻松学习记忆法 Zui Qiang Danao Li Wei Jinpai Jiaolian Yuan Wenkui: Jiao Ni Qingsong Xuexi Jiyi Fa
著作责任者	李　威　袁文魁　著
责任编辑	刘　维　姚晓华
标准书号	ISBN 978-7-301-27232-9
出版发行	北京大学出版社
地　　　址	北京市海淀区成府路 205 号　100871
网　　　址	http://www.pup.cn　新浪微博：@北京大学出版社
电子信箱	yangsxiu@163.com
电　　　话	邮购部 62752015　发行部 62750672　编辑部 62764976
印　刷　者	北京联兴盛业印刷股份有限公司
经　销　者	新华书店
	787 毫米 ×1092 毫米　16 开本　13 印张　132 千字 2016 年 7 月第 1 版　2017 年 4 月第 3 次印刷
定　　　价	42.00 元

未经许可，不得以任何方式复制或抄袭本书之部分或全部内容。
版权所有，侵权必究
举报电话：010-62752024　电子信箱：fd@pup.pku.edu.cn
图书如有印装质量问题，请与出版部联系，电话：010-62756370

推荐语

　　李威这本书想告诉人们的是:《最强大脑》舞台上选手脑力的精彩表现,并非真的要说明天才与凡人的距离。正相反,只要用功的方法得当,他们的本领就能被复制。

《最强大脑》节目主持人、复旦大学副教授　蒋昌建

　　真实、踏实、聪明、努力,不断突破自己大脑和思维的极限。你不必拥有某些不可复制的天赋,也可以像李威一样在记忆和大脑训练领域循序渐进地做到世界顶尖。李威不仅解释了成为"最强大脑"的技术,更从某些维度展示了人类极致思维之美,相信你也能像我一样从本书中受益。

《最强大脑》第三季中国战队队长　王昱珩

　　李威是我认识的人里最认真负责的,总是不厌其烦地解答每一个人的提问,直到对方完全明白。这本书讲述了他从第一次接触记忆法至今的学习经历,相信每一位看了这本书的人都会大有收获。不仅在记忆方法上,也会在学习方法上更上一层楼。

《最强大脑》第三季中国战队队长、水下盲拧魔方吉尼斯世界纪录创造者　贾立平

非常感谢袁文魁老师把我引上了记忆的道路，因为他的经历让我开始相信自己的潜能！袁老师是位非常善于鼓励和激发学生的老师，在他的帮助下我也如愿以偿地实现了一个个目标，因为有了袁老师，才有了今天的我！袁老师创立了"文魁大脑俱乐部"，每年培训选手参加比赛，很多人因为袁老师进入了记忆这个领域，如果说要在记忆领域颁发一个"突出贡献奖"，我觉得袁老师实至名归！

《最强大脑》第二季中国战队队长、世界记忆大师　王峰

李威老师的书非常实用，将记忆方法融入到学习、生活和工作中。让读者开拓新的思维，更加有效地运用记忆法提高我们的效率。

《最强大脑》第三季中国战队队长、中国魔方比赛成绩综合第一　王鹰豪

李威之所以外号叫"李校长"，因为他点评与回答问题时有校长的范儿：认真、耐心、稳重和令人信服。我对记忆法了解并不深，但从选手之间的讨论中感知到其与心算类似，对天赋的依赖度较低，正确的学习方法与勤奋的练习才是关键。见文如见人，透过朴素的文字描绘真实的经历、真实的感受与真实的经验，一个真实的李校长将自然地呈现在你的眼前，指引你了解记忆法真实的模样。

《最强大脑》第三季中国战队成员、心算吉尼斯世界纪录创造者　陈冉冉

李威队长特别稳重。在录节目的时候我经常请教他，他每次都很耐心地给我讲解方法，极大开阔了我的思路。之前只知道他在脑力比赛方面做到了世界顶尖，通过节目，我发现李队长在实用记忆方面也特别厉害，能够很自如地运用到学习生活中。这本书讲述了李队长的学习之路和记忆方法心得，大家通过这本书能够对记忆方法有新的认识，你也可以是下一个"最强大脑"。

《最强大脑》第三季全球脑王、世界脑力锦标赛少年组总冠军　陈智强

威哥除了超强的记忆力、临危不乱的沉稳性格，还有对难题抽丝剥茧般强大的分析能力和极其灵活的思维能力。袁老师是武汉大学记忆协会的创始人，记忆界的前辈，温文尔雅，寓教于乐，桃李满天下。从两位武汉大学师兄的作品中，你将发现武汉大学成为世界上最多"世界记忆大师"和《最强大脑》选手输送基地的秘密。

《最强大脑》第三季中国战队成员、世界记忆大师　申一帆

　　正确的方法 + 不懈的努力 = 别人眼中的天才。这本书就是正确的方法，加上你的不懈努力，你也可以成为天才！

《最强大脑》第三季中国战队成员、世界记忆大师　黄胜华

　　在与李威相处的时间里，可以感觉到他的严谨和认真。他会仔细地向身边的人介绍记忆法的相关知识，不厌其烦解答别人的疑问。这本书介绍了他学习记忆法的经历和使用的方法，每个看完书的人除了收获高效的记忆方法外，也将被他的坚持和认真感动。

《最强大脑》第三季中国战队成员　许禄

　　记忆有方，这本书将为你打开一个新的世界。

《最强大脑》第三季中国战队成员、世界记忆大师　苏清波

　　从大一开始接触记忆法的时候就听说了李威师兄的传奇故事，他也一直是我学习的榜样，尤其是师兄在《最强大脑》的精彩表现！很多人都曾困惑怎样提高记忆力，怎样学习记忆法，我相信这本书是最好的答案。

《最强大脑》第三季中国战队成员、世界记忆大师　刘会凤

　　每个人的故事都是一个宝藏，记忆力也一样，只不过你没有开挖而已。通过本书相信你很快就能找到它。

《最强大脑》第三季中国战队成员、世界记忆大师　潘梓祺

李威在《最强大脑》舞台上为女儿不抛弃、不放弃的精神让我非常感动。他也一直在为更好地普及脑力运动而努力！这本书，以故事的形式回顾了他的学习成长历程，是一本值得细品的好书！

《最强大脑》第三季中国战队成员、世界记忆大师　李俊成

李威老师是我的恩人，他在《最强大脑》上优秀的表现让我叹服；袁文魁老师是我的恩师，他是我前行路上的灯塔。看到这本书的朋友们一定要知道，任何事情想要取得满意的结果，都需要不停地努力和付出，没有捷径可以走！

《最强大脑》第一季选手、世界记忆大师　胡小玲

点墨成文，

激荡星魁。

天下桃李，

各显神威。

作为脑力训练的先驱者，两位老师的分享一定会让你受益匪浅。

《最强大脑》第二、第三季选手，世界记忆大师　刘健

目录

李威序 / i

袁文魁序 / iii

第一章 学海无涯 "记"高一筹 / 001

第一节	最强大脑不是记忆天才	003
第二节	单词困难户结缘记忆魔法	010
第三节	知识记忆都是小菜一碟	019
第四节	请用绳子拴住你的记忆	026
第五节	原来记忆有一座宫殿	038
第六节	最强大脑的副业是编导	045
第七节	画出你的秘密花园	051
第八节	你的思维需要导航图	057
第九节	背诵经典何须和尚念经	066

第二章 脑力大赛 "忆"路痴狂 / 073

第一节	我走过的弯路请你绕道	075
第二节	痴迷训练终成记忆大师	082
第三节	羊城论剑与大神过招	093

第三章 职场逆袭 "记"压群雄 / 107

第一节	入职中广核的秘密武器	111
第二节	好员工巧记企业文化	116
第三节	左右逢源还得记忆超常	124
第四节	跟谁学？在行的人！	128

第四章 最强大脑 "忆"鸣惊人 / 135

第一节	错过第一季《最强大脑》	137
第二节	"脸谱神探"挑战"辨变脸"	141
第三节	本是同根生，相煎何太急	150
第四节	"世界大辞典"挑战八国语言	153
第五节	牛仔很忙，记忆很疯狂	158
第六节	中国队长战胜脑力大帝	161
第七节	最强大脑也是读心神探	170

后记 / 179

李威序

  8年前，如果没有对一篇关于袁文魁老师获得"世界记忆大师"的新闻感兴趣并开始练习运用记忆方法，今天我应该也会经常说：我的记忆力不好，这个我记不住，我不想记这些……现在我们很多人有接触这样的新闻和电视节目的机会，《最强大脑》节目也以"让科学流行起来"为口号，但太多人愿意相信包括我在内的人应该是天赋异禀，我们所具有的记忆能力离他们很远。确实得承认，不同人天生的记忆力是有差别的，这种差别还不能简单以好坏来区别，也体现在记忆类型上。一篇比较长的文章，有的人看一到两遍就记住了，有的人却没有信心在十遍以内记住。但擅长记文章的人可能是脸盲、路痴或者对舞蹈、音乐的记忆毫无办法。我在大学四年级前，并未表现出记忆力方面的天赋，反而因为英语词汇记忆困难和专业知识学习进度缓慢而困扰。也是因为这样的原因，我才开始了记忆方法的学习之旅，并成了这方面的专家。如果你有缘看到这本书，希望它能让你在记忆方面少一些困扰，多一份从容和自信。

  记忆方法之所以有用，是因为它能最大限度地提高我们的注意力、调动左右脑协同思考、充分发挥无穷想象力并依靠原有知识学习新知识，这些都在我参与的科研项目和其他研究成果中得到了证实。超强的记忆力看起来很神秘，以致很多人和机构会利用大家的好奇心进行夸张的宣传，但实际上，它的培养不是个快工夫。有可能开始学习时，你还会因为想象力的匮乏而苦恼、方法的不熟悉而怀疑它的有效性，但只要你循序渐进地练习和使用，它能达到的效果可能会超出你的想象。

有个叫 Alex Mullen 的美国人可以在 18.65 秒内完全记住一副扑克牌，但 30 年前心理学家预言人类是不可能在 3 分钟内做到这件事的。他还可以 5 分钟正确记忆超过 550 个数字，普通人的测试结果是约 27 个。你可能会觉得他是记忆天才，但当他获得 2015 年世界脑力锦标赛总冠军并打破多项世界纪录后接受采访时说："每个人都拥有这种能力，尽管大部分人会告诉你，他没有良好的记忆力，但是我也没有，直到一年多前我看到 Joshua Foer 写的《与爱因斯坦在月球漫步》(Moonwalking with Einstein) 才发生改变。"我很认真地读完了那本书，里面介绍的记忆方法比大部分国内的书籍都简单，也不太适合中国人。但同我们写的这本书一样，传递了每个人都可以成为记忆高手的信念。它的作者 Joshua Foer 是一位科技类新闻记者，有次去报道美国的记忆力比赛时，一位参赛者和他打赌，说可以在一年内把他培养成美国记忆力比赛冠军，而且在一年后确实做到了。那本书就讲了这个故事和相关的记忆方法。如果仅从比赛成绩看，是一个三流的记忆法爱好者教出了二流的"运动员"（数年前美国记忆冠军的成绩难以进入世界前 20 名），后者写的书启迪了世界记忆冠军 Alex Mullen。我从 2011 年获得世界脑力锦标赛总季军和帮助中国夺得首个国家团队冠军后就再没有参赛，袁文魁老师也开始专注于教学工作并带领许多学员取得了非常优秀的成绩。如果我们这本书能启迪中国未来的世界记忆冠军，将会是意外之喜。

还有人在掌握记忆方法后，可以 5 分钟记住 132 个历史年代，15 分钟记住 300 个词汇顺序，30 分钟记住 5040 个二进制数字，1 小时记住 31 副扑克牌，1 天记忆超过 1000 个英语词汇，将数千页的《牛津高阶英汉双解词典》和《辞海》倒背如流，创造圆周率背诵超过 10 万位的吉尼斯世界纪录。你也许并无意创造惊人的记忆纪录，但是却可以用书中的方法记住原来并不擅长的人名、数字、文学常识、历史年代、办公日程等信息，并且不再对记忆感到困扰和排斥，也许你也能成为别人眼里的记忆天才。

世界上本没有"最强大脑"，但脑科学流行起来后，也许就多了。

袁文魁序

江苏卫视《最强大脑》被誉为"脑力天才的嘉年华",第三季的"全球脑王"奖杯更是吸引来数位世界记忆总冠军。中德之战是我最期待到现场观战的一场比赛,我告诉德国悍将西蒙:"我会去现场观看你们的比赛,因为你和马劳是我非常尊敬的顶尖高手,中国队长李威是我的好朋友,陈智强是我的学生,我期待观看你们的巅峰对决!"

德国一直雄踞世界脑力霸主的地位,拥有目前排名世界第一的马劳、第四的西蒙和第十五名的鲍里斯等顶尖记忆高手,他们连续多年获得世界脑力锦标赛国家团队冠军,截至 2016 年 4 月,德国人共保持了 8 项世界记忆纪录,而其中 4 项由马劳保持。

然而在《最强大脑》的舞台上,德国战队两次都铩羽而归。

《最强大脑》第一季德国队灵魂人物是德国国内排名第三的鲍里斯,《最强大脑》第二季德国队灵魂人物是德国国内排名第二的西蒙。这一次中德之战,德国极力想要扳回一局,他们搬出了最重量级的王牌选手,被誉为"脑力大帝"的马劳。因为这次德国派出了最强阵容,而且他们刚在 2015 年的世界脑力锦标赛上获得国家团队冠军,所以本次他们在赛前被科学家团队视为最强对手,连中国顶尖的脑力选手陈智强、黄胜华等都以能和德国队交手为荣。

李威在2010年世界脑力锦标赛获封"世界记忆大师",2011年夺得了总季军奖杯,和王峰、刘苏一起为中国夺得首个国家团队冠军,是中国脑力界顶尖的选手。"退役"之后他开始潜心将包括记忆方法在内的脑力知识与本职工作相结合,是目前中国职场最专业的脑力运动爱好者。陈智强对他的评价是:"李威大哥的比赛成绩是好多年前的,他那个时候的成绩现在看来也还蛮高的,但他最厉害的是迁移运用的能力,他之前挑战的项目很多,而且跨度非常大,但他都能够找到对策来完成。他的心态也非常好,超级淡定,这是他相比马劳的独特优势。"

中德大战前几天,李威和马劳的挑战项目才敲定,我和李威在微信上对话:

我: 李威,你和马劳PK(对决)的项目定了吗?

李威: 记历史年代,类似!

我: 这?他的强项啊!

李威: 项目叫"像素大战",电脑随机生成一百张像素图,每张图由625块方格组成,每个方格随机填充一种颜色,每幅图再匹配一个三位数字,要把它们对应记住,这不就成了历史年代了么?

我: 确实很像!怎样答题?

李威: 用10分钟时间来记忆,然后抽取20幅像素图来抢答,答对得1分,答错扣1分,谁最先达到7分就赢了,这个谁能够记得过他?他从2011年开始保持着5分钟准确记忆132个历史年代的世界纪录,中国人最好的成绩是武汉大学柳娜保持的89个!唉,这个项目我输的可能性非常非常大!

我: 马劳这个项目确实很厉害,作为世界第一,他肯定要志在必得才会来。你能够与他在《最强大脑》正面交锋,而且比的是他最擅长的项目,已经是勇气可嘉了,即使输了,也不丢人。抢答需要快速提取记忆,关键还得看现场发挥,还是有赢的可能性的!调整好心态,安心备战吧,我过几天去南京为你加油!

李威: 好,谢谢!也只能尽力而为啦!

李威决战脑力大帝马劳

当我到达南京国际博览中心的摄影棚时，李威和马劳正在彩排熟悉规则，屏幕上的像素图与"魔方墙"类似，看着眼花缭乱。马劳很少按抢答器，当大屏幕显示出李威赢时，我赶紧拍了几张照片发给他，微信留言："加油！明天再次创造这个成绩！"

李威见面时告诉我："谢谢你，文魁，虽然彩排赢了，但明显他是放水了，我还得再精心准备一下明天的比赛！通过多次试错，我发现了一种比较稳定的方法，还是有胜出的把握的！"

我说："我相信你！你是主场作战嘛，又挑战过5个《最强大脑》项目，经验比马劳要丰富得多。而且马劳也不是不可战胜的，去年12月成都举办的世界脑力锦标赛，虽然在记忆'历史年代'项目上他仍是冠军，但美国的马伦、瑞典的马文的10个项目总分都赢了他，我相信你也一定可以的！我明天会在现场为你助威！"

第二天晚上李威与马劳压轴，中国和德国当时的比分是2：1，这场对决成为关键性一战，国际评审罗伯特和嘉宾都认为马劳的胜算更大。马劳是全球脑力界的一个奇迹，他患FSHD（面肩肱型肌营养不良症）已有21年，以轮椅代步却成为脑力巨人，从2004年出道以来，他夺得过5次德国总冠军和1次世界总冠军，2012年至今一直排名世界第一。

像素大战

扫二维码，看视频

李威在挑战前说："马劳是记忆界很多年难以逾越的高山，能和马劳同台对战，是我的荣誉！这是我在《最强大脑》上的第6个项目，6在中国是很吉利的数字，我相信在前面两场胜利的基础上，我可以继续取胜。"现场观战的嘉宾歌手Selina说："我看了李威的挑战视频，变成了李威的粉丝。这次他面对强者挑战，不觉得害怕，而是觉得兴奋，很有队长的风范！"

马劳与李威在录制现场

我在李威挑战椅斜前方30米左右，站着观看完他的全程挑战，心里默默为他祈祷，10分钟变得如同一个世纪一样漫长。两位选手回忆完毕后，要进入舞台中央去挑战，但马劳却迟迟没有动静，李威立刻跑过去了解情况，发现他的轮椅卡在了台阶的缝隙里，李威及时找人解决了这个问题。这个细节让我默默为李威点赞！

抢答开始之后，火药味非常浓，我在旁边捏了一把汗，不论李威或者马劳答对，我都为他们鼓掌，无论谁赢得这场比赛，都值得庆贺！李威抢到第一题后，马劳立刻扳回一局，后来李威抢答失误，比分又变回到1∶2，马劳在中途也出现失误，没有在3秒内作答。比分达到6∶5时，来到最关键的赛点，李威以领先1秒的速度抢了下来，说出了答案是211，全场都屏住了呼吸，当答案揭晓时，我激动得跳了起来，全场也都沸腾了起来，欢呼声感觉都要掀破了屋顶！背景上重现了昨天李威赢了的画面，我这"预言帝"又一次梦想成真！

李威战胜马劳

当时我激动地跑到嘉宾身旁给李威拍照,"局座"张召忠说:"这是我看《最强大脑》以来最激动人心的一场,马劳是世界脑力第一人,李威能够取得这样的成绩,你们应该给他一个名号。"我心想:"一定是'全球脑王'了。"不过意外的是,罗伯特说:"确实李威最后一轮的表现非常完美,但是在比赛开始之前,我就已经把'冰雪奇缘'项目定为最难的挑战,所以我的选择是:陈智强。"

李威虽然赢了,但他谦逊地说:"即使今天我赢了他,但我并不认为我的实力比他强,这是一个事实。我非常尊敬马劳先生,因为在他身体条件不是很方便的情况下,他创造了这么多项世界纪录,这些世界纪录很可能是我这一辈子都不一定能达到的。不管这场比赛的结果是怎样,但我觉得马劳先生的这个精神是我和很多人应该学习的!"

联手打造《最强大脑李威金牌教练袁文魁:教你轻松学习记忆法》

录制完节目已经晚上 10 点多,我和他在第二现场合了一张影,上一次合影是2011年他在世界脑力锦标赛夺得总季军。如今,李威以6个项目5胜1败,战胜过世界脑力第一人马劳、中国记忆总冠军郑爱强、最强大脑明星选手郑才千的成绩在《最强大脑》上创造了一个奇迹,李威在此时"功成身退",对他而言也是最好的安排!

李威与袁文魁在《最强大脑》中德之战胜利后的合影

晚上吃夜宵时,我问李威:"李威,很多《最强大脑》选手都把大脑开发和记忆培训当成自己的事业,而你一直像是游离于脑力界之外的独行侠,接下来在记忆领域有没有什么打算?"

李威:目前重心还是本职工作吧,不过上了《最强大脑》之后,好多粉丝都问我该怎么训练记忆,我发了一条微博:"我脸上写了两个字:老师?真没办法三言两语说清楚啊。"要给所有粉丝去答疑,那可真是非常大的工程量啊!

我： 不如你自己写一本书，让你的粉丝在书里找答案去，也可以把你的成长经历写出来，相信会激励和影响到很多人的！

李威： 确实有几家出版社联系过我，可是我是学理工科的，怕写出来的书可读性不理想。介绍记忆方法的书籍比较多了，我不想写一本沦为俗套的书！你是武汉大学的文学硕士，而且出版的《记忆魔法师》和《打造最强大脑》，我觉得挺不错的，你有什么写书的建议吗？

我： 我正打算写一本以励志为主题的记忆书，通过我和王峰、胡小玲、孙小辉等最强大脑的成长故事来穿插讲解记忆方法，类似于张德芬的《遇见未知的自己》，作为读者进入记忆世界的启蒙读物！

李威： 我也非常喜欢这种形式，通俗易懂而且容易读完，我们可以一起合作啊，优势互补。你看看，你是文科生，我是理科生，你是中国培养记忆大师和最强大脑最多且最顶尖的教练，我是《最强大脑》上参与挑战项目最多的选手，而且有 7 年与工作深度结合的运用经验，我们合作写书肯定是双赢！

我： 我这本书在第一季播出后就动笔了，写着写着就搁浅了，今天遇到你，我决定重新写起来！我们合作会让内容更丰满，也相信会有更大的影响力！

李威： 要怎么分工合作比较好呢？

我： 我觉得最高效的方式就是，我们共同拟定一个提纲，大家进行合理分工，我们通过对谈的形式来讲述彼此的故事，并且穿插一些记忆方法。因为我对你和记忆法都很熟悉，所以我会带上一位"小白"，她会问出一些初学者的问题，采访录音整理好后再润色加工就好了。

李威： 好！最近录制《最强大脑》，我都没怎么上班，这是最快捷的方式了，我们各自先整理下自己想分享的经历和内容，明天上午见面聊聊！

农村里飞出的"金凤凰"

当晚，我和小白搜集了李威的媒体报道，才发现我并不清楚他的过去，他一路走来比我要更加不易，这也让我对他更加敬佩。

2015 年李威参加完《最强大脑》第二季后，《黄冈日报》的报道《最强大脑李威》里说：

最强大脑李威　金牌教练袁文魁
教你轻松学习记忆法

3日上午，记者一行来到红安县八里湾镇向家垱村李威家中。

1957年6月出生的李双喜是李威的父亲，从事木工手工业；1962年出生的母亲乐秋香，一直在家务农。李威兄弟三个，李威在家排行老二。

说起李威，父亲李双喜称，儿子于1986年出生，初中毕业于红安县八里二中，高中毕业于黄冈中学，大学毕业于武汉大学，现工作于世界上最大的在建核电站——阳江核电站，是一名核电调试工程师。

据李威母亲介绍，李威性格内向，平时不爱讲话，从小读书吃了很多苦。村支部书记柯文斌说："村里能出这样的人才，是我们全村的骄傲！"

为供李威读书，哥哥小学没毕业就外出打工。中考时，李威以全县第六名的成绩考上黄冈中学，在年级中成绩名列前茅。

由于家庭贫困，李威被选中为黄冈中学助学工程"宏志班"学生后，每月可获得200元的生活费补贴。因杯水车薪，他去食堂帮工洗盘子、洗碗成为家常便饭。

"我觉得自己长相一般，个子不高，普通话还不好，别的同学吃饭的时候，我还在那里刷盘子，心里还是蛮难受。"但李威并没有因此一蹶不振，"想到爸妈、哥哥，我就有了坚持下去的力量，苦吃再多也不怕。"

看到李威"刷盘子"那段，我的眼眶里有一些湿润，想起了孟子的经典名句："故天将降大任于斯人也，必先苦其心志，劳其筋骨……"

苦难是一枚充满着未知的彩蛋，李威勇敢地挥舞着大锤敲开了它，他从一个家境贫寒的农村孩子，用记忆改变了人生的命运，变身为打败脑力大帝的最强大脑，并且用知识和能力给自己和所爱的人幸福的生活，变成了很多人都羡慕的人生赢家。

第一章
学海无涯"记"高一筹

Super Brain
最 强 大 脑

第一节　最强大脑不是记忆天才

我们相约在一家咖啡厅,各自都带上了笔记本电脑。小白见到最强大脑男神李威激动得像个花痴一样,她是武汉大学文学院的师妹,正在南京一家传媒公司实习做文案,很久以前就提出要来录制现场看看,昨天我过来就顺便带她一起来瞧瞧。我提到让她一起来和李威对谈时,她几乎是兴奋得一夜未眠。

小白: 李威学长,见到您真是太激动啦!恭喜您昨晚战胜了马劳,真的是非常非常了不起!我是《最强大脑》的忠实粉丝,每次看完智商都受到了 1 万点的挫伤,我认定了我这脑袋下辈子也是做不到的!您是天生就记忆力这么好吗?

李威: 谢谢!在我上了《最强大脑》之后,这个问题被问了无数次,每次我都会回答:"其实我的记忆力很一般,是学习记忆法训练出来的!"他们都不相信,于是改口道:"学过记忆法的也不止你一个,为什么像你一样厉害的还是少数咧，肯定是你有记忆天赋嘛！"每当此时，我都要论证我过去的记忆力有多么不好，但他们死活都不相信，依然把我当成"都教授"一样的外星人，挺苦恼的！

文魁：哈哈！这个苦恼我曾经也有过，记忆力这东西又不像是体重，可以发一个"减肥前"和"减肥后"的对比照片，要证明你的大脑以前的记忆力不好，别人只会以为你是在狡辩。听说孟非有一档新节目叫《四大名助》，有机会你倒是可以去求助一下。不过，我还是很好奇你的记忆力到底怎么样？你小时候的学习成绩如何？

李威：我小学的成绩在 90 分左右徘徊，相比现在的小学生动辄就"双百"，我的成绩不值一提，初中入学时在班上排前十名。当时家境很差，父母在家做农活非常辛苦，哥哥辍学出去打工来供我上学，我立志一定要考到黄冈中学的"宏志班"，这样就可以获得国家的助学金，给家里减轻一点负担。

我的政治老师说："文科考试就是'贝多芬'，背得越多，分就越高！"于是我就投入大量时间在背书上，甚至晚上熬夜点着蜡烛背书，后来整本历史、政治书我都滚瓜烂熟，甚至哪一页有什么内容都如数家珍。有一次，政治老师问了一个非常刁钻的问题，班里没有人敢举手，很少发言的我说出了答案，从此就让老师刮目相看，一直都很照顾我。到了初三，我基本上就霸占了年级第一名的位子，最终在 8000 多名考生中以全县第六名的成绩考上了黄冈中学。

文魁：好吧，你都考上了全国知名的黄冈中学，要别人相信你的记忆力不好,真是有口莫辩了!我初中时也是蛮勤奋的,以小镇上第二名的成绩考上了鄂州高中,和城里孩子比起来,明显感觉到学习的压力飙升。在黄冈中学这种学霸如云的地方,肯定也很有压力吧?

李威:是啊,压力非常大,而且我高中时梦想有一天能够考上清华北大,所以就比别人付出更多的努力。有一天晚自习,我正在埋头背课文,同桌说:"李威,你学习成绩比我好,但是我打赌,你的记忆力肯定不如我!"

我当时就很不服气,脱口而出:"你怎么可能会比我好呢?"

他挑衅地说:"不服我们就来比比看嘛!"

李威与同学挑战　庄晓娟绘

同学也过来凑热闹，他们拿出一本《宋词三百首》，挑选了柳永写的《戚氏·晚秋天》："晚秋天，一霎微雨洒庭轩。槛菊萧疏，井梧零乱，惹残烟。凄然，望江关，飞云黯淡夕阳间……"这首诗一共有212个字，同学喊了"预备，开始"的口令之后，我们就一起开始背起来。我当时嘴里念念有词，但还没有记到一半，同桌就迅速把书反扣上了，然后得意洋洋地冲着我笑。

他当时背出来时居然一字不差，而我则背得很不流畅，当时脸都憋得通红，心里也相当不舒服，但也只好承认自己是手下败将。我开始思考："同桌到底为什么可以记得又快又准呢？有没有'武林秘籍'可以让我的记忆变得更好呢？"

2005年高考时我没能如愿考进清华北大，家境的原因我也不可能再复读，就报读了武汉大学的动力与机械学院。

文魁： 我们两个的经历还蛮像呢，我高考的目标定在北大，因为心理素质不好，2004年考到了武汉大学。我当时在高中就开始自学了一些记忆方法，对我文科的考试还是帮助挺大的！

李威： 我以前看你的新闻报道，很少提到你高中自学的这段，你当时是怎么接触到记忆法的？

文魁： 高一时我就看到《青年文摘》等杂志经常宣传"全脑速读速记"，号称可以"5分钟记忆200个数字""1小时记住100个单词"，我当时就断定："这肯定是骗人的广告，人脑又不是电脑，怎么可能做到？"但因为想要考北大嘛，我就对这些曾经排斥的东西开了"绿灯"，邮购了一套教材，后来又在我妈妈开的书店里淘到一本肖卫编的《魔幻记忆100%》，就将里面的方法用到了学习方面。

李威：你那个时候用了哪些方法？

文魁：字头歌诀法、情境故事法、绘图记忆法比较多，历史课本里开放的通商口岸，各个朝代的皇帝沿革，地理课本里某个国家盛产的作物，铁路线经过的城市等，我都编了很多口诀写在书上，还把它录制成了20多盘磁带，利用空余的时间来反复听。

小白：文魁学长，你照顾一下我这个小白呗，你说的这些方法我都不太懂，能不能举一些例子呢？

文魁：你学文学的，一定听过金庸先生的"飞雪连天射白鹿，笑书神侠倚碧鸳"吧，这是金庸先生写的十四部小说，每部挑选了第一个字编成了歌诀，就可以很轻松地记住了。

比如地理学科，流入太平洋的河流有黑龙江、辽河、黄河、海河、珠江、澜沧江、长江。我编了一个歌诀：太黑鸟（辽），黄海猪（珠）难（澜）长。可以想象一只太黑的鸟在黄色的海里喂猪，猪很难长得很长。你试着来回忆一下看看？

小白：差不多都可以想起来，还真是挺管用的呢！那情境故事法又是怎么回事，把要记的东西编成一个故事吗？

文魁：是的，当要记忆的东西比较分散时，就像一颗颗糖葫芦一样，我们可以通过故事这根棍子将它们串起来，这样吃起来就会很方便啦！我拿历史课本里王安石变法的富国之法举例吧，有募役法、方田均税法、农田水利法、青苗法、均输法、市易法。可以想象募役来的人在方田里用水利设备来灌溉青苗，然后运输到市场上去交易。

王安石变法　庄晓娟绘

李威：文魁，这个你给她画一遍就更清楚了！这里有白纸！

文魁：好！正好可以示范一下绘图记忆法，刚才想的这个故事是在我们脑海里，如果我们用简笔画画出来，印象就更加深刻了，所谓的"一图胜千言"嘛，也方便我们在遗忘的时候复习。这个小人头上写着"M"代表"募役"，画个"田"字代表"方田"，田里有"水"在流动，然后画一点"青苗"，再画一个小车代表运输，运到一个市场上去交易，画了另一个小人拿钱和他交易。在脑海中的故事可以非常具体，有很多细节和颜色，画出来就尽量简洁，因为时间有限，我们并不是上美术课，而是为了辅助进行记忆，你看看你记住了吗？

王安石变法简笔画　崔茹萍绘

小白： 还真记住了呢，真的好形象，估计我自己画一遍，就更加难忘了！如果当年高考时我就学过这些，说不定就去了清华北大了！

文魁： 好的记忆方法确实可以起到如虎添翼的作用。我当时在课间也经常和小伙伴们互相考题，基本上达到了360度无死角，老师上课时提问比较难的知识，我也基本上可以答出来。加上我也自学过快速阅读和构建知识体系，高考前的每一次月考，我都可以在一周的晚自习时间复习一遍政治、历史、地理20多本教材，而其他同学花一个月都很难看完，最终让我一直保持着领先优势。

但记忆也确实只是学习中的一个基础环节而已，在预习、听课、复习、做题、纠错、总结这一系列环节里，它确实都起到了不可或缺的作用。但记住了并不代表你成绩就一定好，会不会举一反三地应用，考试时的心理状态和身体状态如何，都会最终决定你的成绩好坏。我平时学习成绩经常是年级前三名，但高考一紧张，最终也只考到了武大，不过如果没有来武大，我也不可能成为"世界记忆大师"并且教出那么多的最强大脑来，这一切都是最好的安排！

李威： 是的，如果我不来武大，也不会遇见文魁，你们也不可能在《最强大脑》看到我，这就是人生奇妙的地方，每一个选择最终都会决定我们的走向，选择之前慎重考虑，选择之后无怨无悔，命运安排我来到武大，我一直觉得是一件很幸运的事情！

小白： 那李威学长给我讲讲你和文魁学长相遇的故事呗，很好奇你们怎么会认识的，一个学文学的，一个学能源的，根本没有交集嘛！

第二节　单词困难户结缘记忆魔法

李威： 我和文魁的相遇也还是挺巧的。那是在2007年9月，朋友说要去见武汉大学记忆协会创始人，我也挺好奇的，就和他一起在咖啡厅见到了文魁。我们当时都对记忆法半信半疑，文魁从包里掏出一本《道德经》，他说："我最近用记忆法只花了一周时间，每天两三个小时，就把《道德经》做到了任意点背，随便你说哪一页或者哪一章的第几句，我都可以背出来。"

我就随手翻翻问了几个，没想到文魁都对答如流。我当时觉得挺神奇的，但转念一想："文魁是汉语言文学专业的，能够背下《道德经》很正常吧，我当年也把历史书背得滚瓜烂熟呢！而且武大牛人这么多，出现天生记忆力超常的天才，也并不奇怪！"

文魁：哈哈，原来你当年是这么看我的！其实我的记忆力也确实很一般，小时候我见到亲戚经常忘记该怎么喊，到底叫"姑姑"还是"姨妈"，到底是"四婆"还是"五婆"，我犹豫了很久都不敢叫出来，导致我见到家里的来客就像老鼠见到猫一样躲起来。

读中小学时我就是一个默默无闻的"书呆子"，靠着"笨鸟先飞"的韧劲来死记硬背，成绩也一直是前几名，但有邻居夸我"聪明"，我心里面还会记恨他，我觉得这个词用在我身上就是讽刺。

直到高三自学记忆法之后，我才感觉我的记忆效率比普通人是快了好多，但离"天才"还很遥远。至于《道德经》，我们专业课只讲了几个节选的句子，估计近十年来毕业的学生，能够背完整本的也没有几个吧。你这么一说，看来以后我要证明自己的记忆力，估计得跨专业背一本你们专业的《机械原理》才行！

李威：你要是当时背一本《机械原理》，我估计就毫不犹豫地加入武汉大学记忆协会了。你当时邀请我加入时，我问你协会有多少会员，你说："一个也没有！"你就一个光杆司令，我怎么敢去啊！

文魁：那个时候协会确实是一穷二白，没有师资只能创始人轮流上场，没有教学课件就手抄到黑板上，没有场地就提前去自习室霸占教室，写上:"今晚有课!"创业维艰啊。最初成立协会需要十个人来凑数,但每周我们上课时就两个人来,其中一个就是胡小玲了,就是《最强大脑》第一季的"汉字女英雄",小白还有印象吗?

小白: 就是盲填填字表那个吧?她把那些词语那么短时间就背了下来,而且不看填字表就填了出来,挺厉害的呢!

"最强大脑"胡小玲

文魁: 小白确实是忠实粉丝啊!记忆力也挺棒的呢!那个时候,我自己在记忆领域也没有显著的成绩,也没有形成系统完善的课程体系。你自己都没有做到,想让别人相信并且跟随,那真的是很艰难的一件事情,所以我把协会定义为"潜龙勿用"阶段,并且决定要训练成"世界记忆大师",到那个时候协会就会人丁兴旺起来,记忆法才能够帮助到更多的人!

李威: 我当时就是看到你获得"世界记忆大师"的消息才决定学习的!那是在2008年11月1号那天晚上,小光棍节嘛,这日子非常好记,

我在武汉大学主页上浏览时,看到一篇《武大硕士生获封"世界记忆大师"称号》的消息,我觉得非常新奇,就点进去看看:

> 日前在中东巴林闭幕的第17届世界脑力锦标赛上,武大文学院硕士生袁文魁以一小时正确记忆1308个无规律数字、62秒正确记忆整副扑克牌顺序的"奇迹",获得"世界记忆大师"称号。而据介绍,目前全球仅60余人获得此项头衔。

袁文魁在2008年获得"世界记忆大师"称号

提起自己神奇的记忆能力,袁文魁说,他的超强记忆力并非天生,而是靠一年多的艰苦训练得来的。以前他的记忆力很一般,当初苦练记忆能力也是为了给自己的考研增加信心。因此在考研复习中,他每天都要抽出一个小时的时间练习记忆扑克牌,并在一个月内达到了能在2分钟内完成整副扑克牌的记忆。后来他只花了30多个小时，便能将整本《道德经》倒背如流，令周围同学难以置信。

袁文魁只有23岁，是文学院中国现当代文学方向的研究生，他去年6月开始练习这种"过目不忘"的功夫，经过训练，他只花了一周的时间就记住了大约5600个六级单词。

我看完新闻后感觉非常震惊，我才知道文魁是在武大听到世界记忆大师的讲座，并且掏了两个月生活费去参加培训班，然后在广州训练了几个月才成功的。我那时才真正意识到，原来记忆力真的是可以通过方法训练出来的！我那时已经签约了中广核（央企"中国广核集团有限公司及下属分公司"的简称），想趁大四好好充一下电，希望过去在记忆方面的痛，以后不要再一直痛下去！

小白：痛？

李威：人哪，只有在痛苦的时候才会去寻找方法，穷则思变嘛。如果记忆力天生就很超常，谁还会花时间去训练啊？胡小玲听说就是很困扰于自己的记忆力，才决定来到记忆协会跟文魁学习的吧，后来三个月就考上了华中师范大学的研究生，改变了人生的轨迹。

我读大学也还算是学霸，基本上拿到了学校各种最高等级的奖学金，比如国家奖学金、武汉大学甲等奖学金等。不过背单词一直是我的硬伤，读中学时就觉得很头疼，每天晨读记住了30多个单词，但是到上课时就忘记一大半，又得继续花时间去死记硬背。四六级英语考试之前，我的大学同学像网上调侃的一样："商女不知亡国恨，一天到晚背单词。"我却把单词书当作地雷一样，碰都不想碰，靠"吃老本"四级考了 543 分，六级考了 496 分，这分数我觉得挺差劲的，也懒得再去重考。

文魁： 你这是在虐我啊！同样是"裸考"，我六级才刚刚过几分，你考了 496 还说烂，让我情何以堪啊！太谦虚可不是优点哦！

李威： 我是真心觉得差劲啊！我同学还有好多考 600 多的，我能够考过就已经是阿弥陀佛了。后来考计算机四级（本科毕业只要求获得二级证书，我当时已取得三级证书），我这好学生还破天荒地"挂科"了，几百页比较生疏的大部头书籍，我啃起来觉得相当痛苦，死记硬背实在"塞"不进脑袋，最后差 2 分，没有及格，我更加怀疑我的记忆力了！后来看到文魁的消息，想到我曾经的痛，我决定要开始记忆法的自学之旅了！

小白： 我很好奇您是怎么从零开始学习的，万事开头难嘛！

李威： 当时文魁在武大一下子火起来了。他主讲的报告会场场爆满，讲台前面的地上都坐满了人，窗户外面还有人贴着耳朵听，我也去参加过几次。另外我从他的博客和人人网里找到了不少宝贝，也买了一些记忆书籍开始自学，总体而言还比较零散，同时各种方法和流派也让我产生了困惑，比如照相式记忆、联想记忆法啊、定桩记忆法啊，看多了也不知道该相信哪个，更不知道该如何练习，这也是自学者会遇到的问题吧，文魁当初应该没有这样的困惑吧？

文魁： 我当然有啊！我当时对记忆法非常狂热，几乎跑遍了武大所有的图书馆，有关的书全都借来看了个遍，网上的论坛里也下载了各种资料，电子书有几百本，我就像饿狼扑食一样，总想找到最好的方法，练成"绝世神功"！

后来有一些不靠谱的我就放弃了，比如照相式记忆，据说真正练成的寥寥无几，我只向有结果的人学习，记忆大师都是用联想和定桩记忆法，我后来就主要专注训练这个，不再去管那些花里胡哨的各种流派。记忆法我觉得就像是程咬金的板斧，招式简单，但是练到极致还是很厉害的！如果只是停留在理论而不实践，就容易陷进去，网上有些记忆爱好者为了理论而理论，误导了不少爱好者！

小白： 两位老师说的这些方法，小白连听都没有听说过，可不可以给我普及一下呢？

李威： 我给你简单说一下吧，所谓的"照相式记忆"，就是把人眼当成是"照相机"，把东西像照片一样印在脑海里，其实这也确实是大部分人都有的能力，比如看过一张照片或者眼前的东西，或者是一短串的数字或者文字，我们也会在脑海中有"视觉暂留"，像投影一样印在我们脑海中，但是这种方式记得快忘得也非常快，当要记忆的量很大而且要长期保存时，这种方式就不奏效了。

《最强大脑》第二季有个小女孩要挑战王峰，号称可以在一秒多时间记住一副扑克牌，但现场十多秒时间却错得一塌糊涂。魏坤琳教授在节目里说："你的图像记忆法，是要靠运气的，是概率问题，王峰是联结记忆法，比较稳定，记忆保持的时间要长些。"其实魏坤琳教授说的"图像记忆法"就是指"照相式记忆"，"联结记忆法"则是指联想记忆法和定桩记忆法。

文魁： 是的，照相式记忆确实是概率问题，而且保持的时间比较短。去年世界脑力锦标赛区域赛有5个孩子可以9秒记完一副牌，但是我推荐给《最强大脑》编导时，测试了3次都没有通过，在中国赛（"世界脑力锦标赛中国赛"的简称）时我担任裁判专门给他们测试，有3个孩子连第一张都没对。所以很多人向我咨询怎么把扑克练到9秒，我只能说："对不起，我也做不到，我最厉害的学生就是王峰，他在《最强大脑》上也只有19.8秒！"

小白： 求举例子！

李威开讲之一：大脑记忆的三个环节

记忆力是识记、保持、提取客观事物所反映的内容和经验的能力，在《最强大脑》上我挑战了"牛仔很忙"，记住1900头奶牛的花纹和对应的耳标号，我以此为例来讲讲这三个环节。

第一个环节是识记，我们当时去奶牛场待了两天，要去观察这些奶牛花纹的规律，识别出每头奶牛花纹的特征，并且通过联想法来记忆。

第二个环节是保持，是识记过的事物在头脑中储存和巩固的过程。我从奶牛场回来之后，就一直在脑海中复习，有时候做梦都会梦见奶牛。

第三个环节是提取——再认或回忆，再认是指识记过的事物再次出现时能够认出来。比如陈智强挑战的"冰雪奇缘"，需要找出来哪三瓶是之前没有出现过的。回忆是指在一定诱因的作用下，过去经历的事物在头脑中再次浮现的过程,比如给我看耳标号就是一种诱因,可以让我回忆出对应的奶牛花纹。

再认的难度比回忆要低很多,看到某个人知道曾经见过,属于"再认",认出来后回想起他的名字以及在哪里见过,属于"回忆"。一般成年人参加的普及类考试(如驾照科目一、科目四)大部分采用属于再认范畴的选择题和判断题,而选拔类考试(如司法考试等职业资格考试)会有较多属于回忆范畴的填空题和简答题。

很多时候记忆提取不出来或者速度很慢,就是因为在识记的环节没有建立线索,在找回记忆时就像是无头苍蝇一样。记忆法就是让我们存储时多了一些线索和钩子,我们可以通过它们,快速把记住的东西像钓鱼一样钓起来。

记忆的三个环节　庄晓娟绘

第三节　知识记忆都是小菜一碟

看到小白卖萌的恳求表情，李威打开了笔记本电脑。

文魁： 李校长要开讲了！

小白： 为什么大家都叫李威学长"李校长"啊？

李威： 呵呵，打扮得像校长，穿着个衬衣、毛衣，外面套着个西装。在第二现场王昱珩随口一说，后来所有人都这么叫了，《最强大脑》官方微博也这么喊，我的微博粉丝也都这么喊了！

其实，记住"李校长"这个外号，就属于单一信息的记忆，我把要记的知识总共分成四大类：单一信息，一对一信息，少量信息以及大量信息，依照从简单到复杂的方式进行讲解。

我们记住地名、人名、术语、标志、符号这一类单一信息，除了多看几遍死记硬背，还可以使用联想记忆法，通过音、形、义三方面去找到它的特点，把抽象的东西转化成形象的东西来记忆。

一对一的信息，比如人的名字对应相貌，英语单词对应中文意思，汉字对应发音，考试里面的单选题，这些可以用配对联想法。

少量信息有两种结构：第一种结构是完全并列式的，比如记住"唐宋八大家"有哪八个人，铁路经过哪几个城市；第二种结构是一个大知识点下面带着几个小知识点，比如某个历史事件的结果、性质、影响等。我们可以用字头歌诀法、情境故事法，当然也可以使用各种定桩记忆法，包括标题定桩法、熟语定桩法、身体定桩法，等等。

剩下的就是大量的信息，比如要将《道德经》《论语》或者一整本《牛津高阶英汉双解词典》做到任意点背，我们是用的地点定桩法或者熟语定桩法，对于一些知识体系比较完备的考试，比如司法考试、中学的文理科，都可以借助思维导图来辅助记忆。当然，在记忆具体的知识时，还需要各种方法融会贯通应用。

文魁： 你的这个总结很清晰地拉出了一个记忆法的脉络。我经常会遇到学生问："老师，政治怎么记"，"老师，法律怎么记"，"老师，古文怎么记"，其实记忆的方法就那些，先把基本功打扎实才是王道，然后根据信息的特点来尝试运用不同的方法。我常说："记忆无定法，灵活最为王。"我们就按照你的体系来分别举例，给小白讲讲记忆法吧，不然等会儿她会听得一头雾水。

李威： 好的，我们就先来看看单一信息吧，从最简单的开始，就是汉字字形的记忆。

比如要记住生字"淼"，通过观察字形，发现上面是"石"，下面是"水"，联想到"水落石出"的画面，是不是就很容易记住了？再比如说"惊鸿一瞥"的"鸿"字，就是"江边一只鸟"嘛！

小白： 最近在看《芈月传》，这个"芈"字咋记呢？老是会当成"半"，好纠结啊！

李威： 这个"芈"其实是羊叫的意思，你看它的形状有没有像是羊？还可以和"半"比较一下，这个"芈"像是羊角的地方替换成了

"图钉",尖头分别朝向左右两边。

关于汉字记忆,就不说那么多了,再举两个地名的例子吧,比如世界上最严重的核事故发生在切尔诺贝利核电站,"切尔诺贝利",可以谐音想成是切木耳落在了球王贝利的身上,又如世界上发电能力最大的核电站是日本的柏崎刈羽核电站,谐音为"柏骑一羽",想象伯伯或者张柏芝骑着一支羽毛在飞,这样是不是就好记很多?

小白: 真好玩!要是我下半年考研时借你们的最强大脑用用,那该多好啊,我要记住大量外国作家的名字还有作品的名字,又臭又长又绕口,还经常张冠李戴,记起来真是痛苦死了!

李威: 如果大脑可以临时借用,我倒是愿意借点脑细胞给你用用,不过目前来看,自己掌握这门技术才是王道。文魁不是当年就利用记忆法考文学的研究生吗?你给小白分享一下呗!

文魁: 外国的人名确实比较难记,我们参加世界脑力锦标赛,有一个项目就是15分钟记住尽可能多的面孔对应的人名,我也是被虐了千百遍后才总结了一些经验。

首先是可以用谐音让名字形象化,这个考选择题时问题不大,填空题就有可能写错别字,比如悲剧之父"埃斯库罗斯"可以谐音成"哀思哭螺丝",想象一个哀思的人因为坏死的螺丝在大哭。

《追忆似水年华》的作者"普鲁斯特"可以谐音成"铺路撕特",在铺好的路上像《奔跑吧兄弟》里一样撕特务的名牌,或者'普鲁'想到普鲁士,普鲁士的斯文特务。

还可以用拆分故事法，把名字里面能够组合在一起的放一起，比如"罗斯"可以联想到"罗斯福"，不能组合的分别想到具体的形象，"埃"联想到"埃及"，"斯"想到"斯大林"，"库"想到"仓库"，按顺序联想成一个故事：在埃及金字塔下的斯大林在一个仓库里遇见了罗斯福，把这个画面在脑海中浮现出来就容易记了。拆分故事法相对来说要复杂一些，一般我会把谐音和拆分结合起来使用！

小白： 学长，这很考验想象力啊，要我去编这些故事也是挺难的！

文魁： 为之，则难者亦易矣！如果死记硬背，这些东西记了又忘，忘了又记，浪费了大量时间，还失去了记忆的信心。使用记忆法虽然刚开始要多费点力，但是训练之后速度会越来越快，还可以通过形象和故事让记忆更有黏性，保持的时间更久，减少复习的时间和次数，这样长期来看，还是提高了学习效率的啊！

小白： 好的，我懂了，我先自己多尝试一下！我还有一个毛病，经常会把这个作家的作品放在另一个作家的头上。比如，《一个世纪儿的忏悔》的作者是阿尔弗雷·德·缪塞，《了不起的盖茨比》的作者是菲兹杰拉德，一不小心就搞混淆了，有什么高招吗？

文魁： 这个我当年考研时倒觉得比较容易，这就是李威说的一对一信息，可以用配对联想法来记忆，先记住这个作家的名字，联想到：阿童木的耳朵在佛的肚子里，是缪斯女神塞的，然后和作品联想在一起，缪斯一整个世纪都在忏悔。《了不起的盖茨比》很容易想到比尔·盖茨，与作者的名字"菲兹杰拉德"联想：在马上飞驰的周杰伦拉着刘德华说：

"比尔盖茨真是了不起啊,世界首富!"

配对联想法对于填空题、单选题这种一对一信息比较管用,简单的一般看两遍就会了,比较难的题目联想一下就记住了。2009年我在武汉大学办了一个"记忆之星"学习挑战赛,李威当时获得了首届记忆总冠军,其中有一个比赛项目就是"知识点记忆",我电脑里还有当年比赛的试题,让李威学长给你分享一下。

(开电脑,找到试题,李威随机挑选了几个,并且扩充了一些案例。)

武汉大学首届"记忆之星"学习挑战赛
知识点抢记考卷

选手姓名_____ 学号_____ 联系方式_____ 成绩_____

1. 《论语》是我校现校训"弘毅"的出处。
2. 武汉测量制图学院的建校时间是1954年。
3. 国立武昌大学时期的校领导是石瑛。
4. 国立武汉大学的第一任校长是王世杰。
5. 形成典型的"天平地不平"的格局的武大早期建筑是老斋舍。
6. 一只200W的白炽灯泡,将它紧贴在棉被上2分钟能达到367℃的起火温度。
7. 安全生产许可证的有效期为3年。
8. 我国目前法定的职业病有115种。
9. 数十毫安的工频电流即可使人遭到致命的电击。
10. "安全第一,预防为主"是安全生产工作的方针。
11. 安全网的网格周边不得大于10厘米。
12. 在空气不流通的狭小地方使用二氧化碳灭火器可能造成的危险是缺氧。
13. 对从业人员要求开展"三会"安全教育,即:会报警,会逃生,会现场急救。
14. 《中华人民共和国安全生产法》自2002年11月1日起行。
15. 我国规定工作地点噪声容许标准为85分贝。
16. 《共产党》月刊创办于1920年11月。
17. 孟德尔发现了遗传学定律。

武汉大学首届"记忆之星"学习挑战赛试卷

李威： 先看看这道题吧："孟德尔发现了遗传学定律。"首先可以把"孟德尔"这个名字形象化，可以谐音想到"梦得儿"，梦里得到一个儿子，遗传了父亲好的基因。另外，"孟德"可以联想到"曹操"，曹操，字孟德，想到曹操的儿子遗传了他的军事天赋。

一般来说，对于抽象的词汇，我们转化成形象的方式，可以通过谐音、相关指代、增加或减少字、倒序排列、望文生义的方式。比如我们记忆省的简称，安徽的简称是"皖"，"皖"可以谐音为碗，"安徽"可以增加字变成保安的徽章，想象保安的徽章在吃饭时掉到碗里了。江西省的简称是"赣"，谐音为"干"，干完活就可以到江里洗西瓜吃。

联想看上去似乎是天马行空，但也要注意尽量简洁、有趣，同时尽可能在两个记忆对象之间寻找"突破口"，作为搭建彼此联系的桥梁。比如蒙古的首都是乌兰巴托，蒙古大汉的手掌比较大，想象乌黑的兰花在蒙古大汉的巴掌上托着。还可以把"乌兰巴托"谐音为"乌来不脱"，因为蒙古是一个草原国家，天气多变，所以乌云来了不脱雨衣很正常。

接下来出两个题来考考你：老挝的首都是万象，柬埔寨的首都是金边，你觉得怎样配对联想比较好？

小白： 这个题目好像不难，"老挝"可以谐音成"老锅"，一万头大象在一个老锅里煮着。哇，突然脑洞大开啊！"柬埔寨"我谐音联想到"简朴寨"，一个简朴的寨子居然房子上都镶了金边，这到底是简朴还是土豪啊？

李威： 小白的学习能力好棒！你看，通过配对联想，我们是不是记忆知识时又牢固又有趣。如果是死记硬背，只是通过声音的刺激硬把两个东西放在一起，但是强扭的瓜不甜，很容易就忘得一干二净；一旦将两者之间建立紧密的联系，回忆起来就容易很多了。那我们在《最强大脑》上有哪些项目会用到配对联想法呢？学习和生活中又有哪些会用到呢？

小白： 好像还挺多的，我记得您的项目"牛仔很忙"，就是将牛身上的花纹和耳标号进行配对，还有李俊成的项目要将人物与指纹进行配对，王峰将钥匙和对应的锁进行配对。学习和生活中就更多了，人的名字和长相、作家与作品、单位名称和电话、英语单词和中文意思，好像无处不在啊！

李威： 是啊！看似很简单的技巧，但是却是记忆法的基本功，如果掌握好了，几天就可以背下几万条知识点，什么《一站到底》《芝麻开门》，要去当个"站神"也不难的！你好好加油哦！

第四节　请用绳子拴住你的记忆

李威：小白，给你讲个笑话吧。阿凡提当医生时，一位患者询问道："我的记忆力衰退，每想起一件事它就像长了翅膀，非常容易地从我的脑子里跑掉，您看能治吗？"阿凡提比划了一下说："以后每想起一件事的时候，请您用一根绳子把它牢牢地拴住！"

其实还真有这种拴住记忆的"绳子"，就是定桩记忆法，又细分为身体定桩法、数字定桩法、地点定桩法还有熟语定桩法等。

我先给你讲讲身体定桩法，首先我们要在身体上面按照顺序找一些部位，头发、耳朵、眼睛、鼻子、嘴巴、脖子、肩膀、胸部、肚子、屁股、膝盖、小腿、脚等，并且把这些部位按顺序熟练记忆下来。接下来我们把要记忆的信息分别和每一个部位进行配对联想，就像分别装进了不同的记忆口袋里。

我就给你举一个《法律基础》里的例子吧：

法律规范在公共生活中的作用？
1.指引作用　2.预测作用　3.评价作用　4.强制作用　5.教育作用

这五个词语还是有一些抽象的，我们还是可以用谐音、相关指代、增加或减少字的方式来转化成形象，比如"指引"联想到指路的牌子，"预测"想到算命的大师，"评价"你会想到什么？

小白： 想到了大众点评网，或者是淘宝买东西给了"差评"！

李威： 很好！那"强制"和"教育"呢？

小白： 我觉得"强制"可以谐音为"墙纸"，"教育"可以想到教育家孔子，由孔子又联想到了《论语》。

李威： 你的悟性挺好的！现在这些词语已经形象化了，接下来就可以进行配对联想了，因为题目和法律有关，所以可以把这个人物想成是一个律师，也可以把律师直接想成是你自己。

身体定桩法　庄晓娟绘

第一个部位是头发，对应的是"指引"，想象你的头发上插着一个指路牌，并且可以随风转动，是不是很好玩？

第二个部位是耳朵，对应的是"预测"，想象算卦大师一掐指掐到你的耳朵，鲜血流了下来，你疼得嗷嗷叫！

第三个部位是眼睛，对应的是"评价"，想象你在淘宝网买了一幅质量很差的眼镜，你愤怒地给了商家差评！

第四个部位是鼻子，对应的是"强制"，你感冒了，鼻涕禁不住往下流，没带纸巾的你撕下墙纸来擦鼻涕。

最后一个部位是嘴巴，对应的是"教育"，想象你嘴巴里咬着一本《论语》，像吃美食一样咀嚼着。

现在，我们依次搜索一下五个部位，回忆刚才那些联想的画面，看看能不能回忆起来！小白，你说一下吧！

小白： 头发上是"指引"，耳朵是"预测"，眼睛是"评价"，鼻子是"强制"，嘴巴是"教育"！太神奇了，你说一遍我就会了！

李威： 我相信你不仅现在记住了，而且一周后都还记得很清楚。对于少量的需要按照顺序来记忆的信息，我们都可以尝试用身体定桩，比如"八荣八耻""十大元帅""世界八大奇迹"等。另外，也可以用来记忆购物清单、待办事项等，让身体变成提醒你的记事本，这样多运用，你的大脑会更聪明哦！

小白： 可是身体的部位如果记的东西多了，不会混淆么？

李威： 如果信息之间不重叠，混淆的可能性也不大，比如"八荣八耻"里面的"以热爱祖国为荣",你不会和"十大元帅"里的朱德、陈毅等名字混淆吧?这两个信息之间的区分度比较大。但是如果刚刚用身体定桩来记忆了一组购物清单,马上又再用它来记忆另一组,还是很容易产生混淆的。身体的部位有限,所以我们还可以用数字定桩法。

首先需要把抽象的数字变成具体的形象,我们把它称之为数字编码,一般编码都是通过音、形、义三种方式。比如谐音,14谐音为钥匙、15谐音为鹦鹉;还有东西发出的声音,如55(呜呜)是火车发出的声音,44(嘶嘶)是蛇发出的声音。形状方面,1到10都可以想到具体的形象,1像蜡烛,2像鹅,3像耳朵,4像帆船,5像秤钩,6像勺子,7像镰刀,8像眼镜,9像哨子,10像棒球,球棒加上一个球。从意义的角度来编码,比如节日,38妇女节、61儿童节、54青年节等,我们可以把00到99这100个数字都变成具体形象,就有100个桩子啦!

小白: 要记住这100个桩子,也不容易啊!

文魁: 其实知道了每个编码怎么来的,再配上相应的图片,记忆起来还是比较轻松的,我这里有个二维码,你扫扫,就可以看到我的一套数字编码图片,和李威的可能有细微的不同,可以参考。一般花一个小时就能够全部记住了,以后记忆数字都可以派上用场哦。

简书图片版

(如果使用电脑下载,可以输入网址:http://pan.baidu.com/s/1i5Mz3O5)

小白: 哦,我知道了!我今天在朋友圈看到大家转发的一条消息,美国《华盛顿邮报》评选出的最新世界十大奢侈品,可以用数字定桩法来记忆吗?

美国《华盛顿邮报》最新世界十大奢侈品为：

1. 生命的觉醒和开悟。

2. 一颗自由喜悦充满爱的心。

3. 走遍天下的气魄。

4. 回归自然。

5. 安稳平和的睡眠。

6. 享受属于自己的空间和时间。

7. 彼此深爱的灵魂伴侣。

8. 任何时候都真正懂你的人。

9. 身体健康和内心富足。

10. 感染并点燃他人的希望。

李威： 当然可以啦，我们用前面的1到10十个数字编码形象，分别和这十个奢侈品进行联想就可以啦！比如，"生命的觉醒和开悟"和蜡烛怎么联想？

小白： "生命的觉醒和开悟"我会想到释迦牟尼在菩提树下打坐，旁边点着一圈蜡烛照亮了他的全身！

李威： 这个还不错，也可以想到他开悟时，头上散发出万丈光芒，就像点亮了一根蜡烛一样！2的编码"鹅"和"一颗自由喜悦充满爱的心"又如何联想呢？

小白： 想象一只鹅从笼子里飞出去，非常兴奋地扇动着翅膀，满天都是爱心在飞。

文魁： 你的想象力真是棒棒哒！哈哈！我由"自由"想到了自由女神像，她举着火炬在给一只鹅照亮回家的路，真是爱心爆棚啊！

李威： 剩下的8个，小白你把想法都写下来吧，我和文魁出去透透气再回来看你是怎么记的！

（10分钟之后，我们散步归来，看到了小白的答案。）

3. 耳朵——走遍天下的气魄：《生活大爆炸》里的谢耳朵乘坐热气球走遍天下。

4. 帆船——回归自然：乘坐着帆船驶进了原始森林里。

5. 秤钩——安稳平和的睡眠：秤钩被放在地上在安稳平和地睡觉。

6. 勺子——享受属于自己的空间和时间：我拿着勺子在咖啡厅里悠闲地喝着咖啡，享受属于自己的空间和时间。

7. 镰刀——彼此深爱的灵魂伴侣：用镰刀把两个彼此相爱的伴侣的灵魂分割开来。

8. 眼镜——任何时候都真正懂你的人：《我知女人心》这部电影里，刘德华戴上眼镜就可以读懂你的心。

9. 哨子——身体健康和内心富足：一个健身教练吹着哨子在训练一个富婆，他心里想着这回我可要赚一笔啦！哈哈！

10. 棒球——感染并点燃他人的希望：棒球棍沾上一点汽油就点燃了，照亮了希望之路。

李威： 小白写的整体上看还是挺不错的。古希腊人曾经总结出一些联想的黄金法则，如果我们想象的画面比较形象，有颜色、立体感、动感、夸张等元素，并且调动了我们的视觉、听觉、触觉等感官以及自身的情感，我们记忆起来会持久不忘。

在联想时可以加入故事的元素，也就是5W：who、when、where、what、why，也就是谁在什么时间，在什么地点，因为什么原因，做了一件什么事，产生了什么样的结果。如果这些元素都有的话，就更容易回忆起来这个画面。

你说的"乘坐着帆船驶进了原始森林里"，是谁乘坐帆船？在什么时间驶进原始森林？为什么会驶进原始森林？驶进原始森林有什么后果？比如说，想象你自己在海边乘坐着帆船，黄昏时一股巨浪袭来，把帆船冲进了岸边的原始森林里，撞到了一棵大树的树干上，帆船都散架了，你也撞晕在地上。这样描述，你是不是更容易回忆起来？

文魁： 李威说的这个5W非常棒，联想一定是要有画面感的，而且是有一定逻辑的，在逻辑的基础上适当地动感夸张，最终就像是一个小电影一样。"秤钩被放在地上在安稳平和地睡觉"，这个感觉就比较单调，在联想时就没有把秤钩的独特属性用上，比如可以用来钩住东西。你觉得怎样改进比较好？

小白： 那就想象在菜市场里面，一个卖肉的大妈用秤钩钩住了一大块猪肉，她坐在椅子上倚靠着猪肉就安稳地睡着了，结果被买菜的人拍照上传到网上，一夜之间成为"网红"！

李威： 小白，你真会玩！你这招可以自己试试，说不定还真成了"网红"！你的悟性挺棒的，挺适合学习记忆法的，今天就多教你一点干货，说不定明年你就成最强大脑了！

文魁： 那就再给小白分享一下熟语定桩法吧，也就是说我们熟悉的语句也是可以作为桩子的，比如成语、诗句、对联等，要求是尽量不要有重复的字，另外还需要把每个字转化成形象。

我先举一个案例，比如时事政治里面，十八届五中全会上，习总书记强调，"十三五"要牢固树立并切实贯彻创新、协调、绿色、开放、共享这"五大发展理念"，这五个词语我们用字头或者故事更简单，这里只是拿来举个例子给你示范一下。

我们可以找一个有五个字的熟语，比如"白日依山尽""东西南北中"，当然和这个题目有关的更好，也可以直接用标题"五大发展理念"，这里"五大"可以转化成"武大"（武汉大学简称），后面的四个字分别转化成形象：发工资、展览馆、理发、念书，再把要记忆的这五个词语分别和这五个形象联想即可。

武大和"创新"可以怎么联想呢？

小白： 这个"武大郎"都知道吧，武大校训"自强、弘毅、求是、拓新"，这个"拓新"就是要"创新"的意思。

文魁： 这个联想很不错哦，找到逻辑联系让联想变得更轻松，如果没有逻辑联系，也可以尝试把词语转化成形象。"协调"和"发工资"，可以想象一个老板给员工发工资时，员工的矛盾很大，老板忙前忙后地负责协调处理；还可以把"协调"谐音为"血条"，一般发工资会有一个工资条，上面都是血汗钱啊，扣了那么多工资，吐血！

小白： 哈哈！剩下的三个我来试试吧！"绿色"和"展览馆"，就直接想成是植物园里的绿色展览馆。"开放"会想到邓小平爷爷提出"改革开放"，一位理发师正在给他理发。"念书"和"共享"，我有这个习惯，读书时发现好玩的，就会念出来和闺蜜们共享！

李威： 分享得不错哦，联想得很自然，可以给你升级啦！

李威开讲之二：大脑记忆的四大规律

第一大规律是左右脑分工协作。如果让你看一部周星驰的电影，和让你看一本枯燥乏味的古文书，你觉得哪个更容易记住？肯定是比较"无厘头"的搞笑电影吧！这是因为我们的右脑擅长处理图画、节奏、想象、情感等信息，左脑擅长文字、语言、逻辑、顺序、分析等信息，俗话说"一图胜千言"，右脑的记忆潜能相比左脑要强大很多。我在《最强大脑》上挑战"世界大辞典"时，这8个国家的语言我完全不懂，左脑没法理解就只好"罢工"了，只能转化成右脑擅长的形象来记忆。

第二大规律是"魔力之七"法则，也叫"组块理论"。人类一次性死记硬背无规律的信息，一般记忆量在7个左右，这个7指的是7个我们熟悉的单位，可以是7个数字或者汉字，也可以是7个词语、成语甚至诗句。比如我的母校原名为"国立武汉大学"这6个字，对于刚认识这6个字的小朋友而言，就是6个组块；对于知道"国立""武汉""大学"这些概念的人而言，就是3个组块；但对于我们成大人而言，就只有1个组块。组块越少的话，记忆起来就越容易，因为简单的东西更好记嘛！

我们平时报自己的手机号码，一般都会分为3段来报给别人，比如139、1314、0601，本来11个数字有11个组块，现在就简化成3个了，分别是"一身酒""一生一世"，0601是"六一儿童节"，是不是就简单很多了？如果用故事串起来就是"一个一身酒的人发酒疯，说要一生一世过六一儿童节"，只有1个组块了。

"组块理论"给我们的记忆启示是：一是记忆之前要学会抓重点，筛选出关键词和核心信息，因为我们一次记忆的内容有限，简洁的信息更加容易记忆；二是要学会观察规律并且联想到熟悉的东西，把能够组合的分类放在一起，让组块变得更少；三是使用各种记忆技巧，把零散的信息线编织成一个大的组块网。

第三大规律是"艾宾浩斯遗忘曲线"，这是德国著名心理学家艾宾浩斯通过测试后发现的，如下图所示。

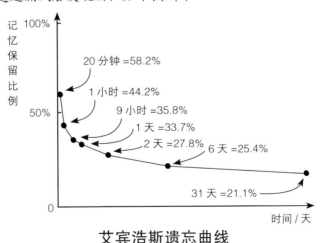

艾宾浩斯遗忘曲线

一般通过感官瞬间记忆的信息，保持时间仅有几秒钟，通过重复后进入短时记忆的信息，一般也只有几分钟"寿命"，我们记住的信息在 20 分钟、1 个小时和 24 个小时之后，分别会遗忘 41.8%、55.8%、66.3%，之后相对稳定，遗忘的速度先快后慢，所以需要及时复习。艾宾浩斯测试的是无规律字母，如果记忆诗歌和散文等有意义的材料，或者通过记忆法来建立知识的联系，会让遗忘的速度慢很多。

我经常在 1 个小时、1 天、1 周、1 个月、1 个季度这 5 个黄金时间去复习，这可以让知识达到长时记忆，有些甚至几年后都还记得。

第四个规律是抓住记忆的黄金时段，一般来说早上 6 至 7 点、8 至 10 点、晚上 6 点至 8 点及 9 点左右是四个黄金时段，特别是早上刚起床和晚上睡觉前。《记忆心理学》里说：先进入大脑的内容会对后来的信息产生干扰，叫"前摄抑制"，早上刚起床时不受此影响；接受了新内容也会干扰前面记住的内容，这叫"后摄抑制"，晚上睡觉后大脑没有新干扰，而且还会自动整理所学知识，所以说睡觉也是一种提升记忆力的方式，熬夜则会让记忆力受到挫伤。两个"抑制"也提醒我们记忆时要劳逸结合，并且交替学习不同的学科。学校里每天排课时，也是考虑到这个因素哦，所以不要埋头背单词就背一整天，适当要换换内容，这样记忆起来才更加高效。

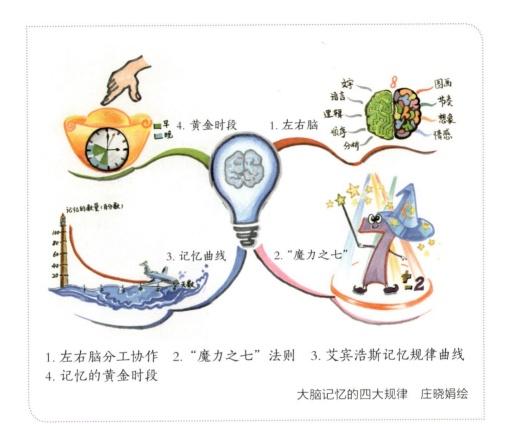

1. 左右脑分工协作 2."魔力之七"法则 3. 艾宾浩斯记忆规律曲线
4. 记忆的黄金时段

大脑记忆的四大规律　庄晓娟绘

第五节　原来记忆有一座宫殿

李威：小白，你听说过"记忆宫殿"吗？

小白：《神探夏洛克》里有嘛，福尔摩斯在他的脑子里就有一座记忆宫殿，简直是太炫酷了！

文魁：还有一部 TVB 的港剧《读心神探》里也有，不过说得有些夸张了，《最强大脑》选手李俊成最初就是看这部电视剧了解到记忆宫殿的，后来才开始跟随我和其他老师学习记忆法。其实最强大脑们都有一座记忆宫殿，李威的很多挑战项目也都用到了。

李威：是的，这种方法历史非常悠久，古罗马的演讲家们要记忆大量信息，要按照顺序记忆时就特别头疼，他们发现家里的房间顺序是不变的，于是就把要记的东西分别和房间进行联想，这就是"古罗马房间法"，现在我们一般叫它"地点定桩法"。

这种方法在欧洲中世纪是秘术，掌握它的人被认为是妖孽。造纸术发明后，记忆术也曾一度失传。明朝时传教士利玛窦把它传入中国，他写了一本书叫做《西国记法》，也被翻译为《记忆宫殿》，但直到托尼·博赞创办的世界脑力锦标赛有了中国人的参与，"地点定桩法"才在中国慢慢被重视，几乎所有记忆大师都在使用这种方法！

小白：老师，我家里只有 3 个房间，难道只能记忆 3 个信息？

李威：当然不是，每个房间我们可以按顺序找到很多东西，它们可以用来当"地点","地点"是指某些熟悉、有顺序、有特征的物品,比如桌子、椅子、电视机等。我就以这个房间图片为例吧。

在寻找地点的时候,你站在这个房间里按照顺时针的方向参观,想象自己是拿着摄像机在录像,首先我会站在视点1这个位置,可以找到第1个地点"树",往右下方看到第2个地点"台灯",接下来往右边看到第3个地点"壁画",再看到右下角这个灰色的枕头。寻找的时候我们也在移动,这样看地点时会更清楚。我们走到视点2的位置,看到窗台作为第5个地点,剩下的地点依次为:电视机、放瓶子的木板、白色的长椅、地毯。好了,你现在闭着眼睛,用你脑海里的"眼睛"来身临其境地看看,然后依次说出这些地点吧!

小白：树、台灯、壁画、枕头、窗台、电视机、放瓶子的木板、白色的长椅、地毯。

李威：很好，地点就好比是演员演出的舞台，要注意找的地点不要太小，不然演员都无处放脚，也不要两个之间的距离太近，否则这个舞台上的演员会跑到旁边舞台去串戏。一般不符合视觉习惯的也不要找，比如直接抬头仰视的天花板，或者低头俯视的深井等，另外要注意光线的影响，太暗了就不容易看清楚，可以开灯或者用手机补光。我们不仅可以在家里找，还可以在公司、学校、公园、酒店甚至菜市场等地找，地点是取之不尽、用之不竭的。

小白：这里面有两个枕头，可以都作为地点吗？

李威：这两个枕头的形状很类似，不太容易区分，而且距离太近了。如果这样可以的话，电影院里就太好找地点了，每个椅子都可以作为地点，但它们之间除了序号不同，没有独有的特征。如果把一把椅子放上一个包包，另一把放上爆米花，这样有区别的还是可以的。

小白：要找那么多地点，要记住也不容易啊？

李威：我们的大脑比较容易记住实物、形象、空间的东西，一般沿着路线走上两三遍，仔细观察地点的特征和空间布局，然后在大脑中回忆两遍就记住了。如果有个别遗忘的，就再回头去看看，并且将地点默写在本子上面，也可以拍照和摄像帮助你以后来复习。

一般来说，为了方便管理地点，我是 30 个作为一组，有时候一个地方就可以找几组，我大概找了接近 2000 个地点，它们就像是我大脑的移动硬盘,可以拓展我的大脑内存,想用它们时即插即用,查找时就像"百度地图"!

我给你示范一下我是如何记忆数字的吧,我最初学习地点定桩法记住的数字是:6939 9375 1058 2097 4944,是圆周率中间的一小段。数字编码分别是料酒、三九胃泰、旧伞、西服、棒球、(松鼠的)尾巴、香烟、旧旗、湿狗、蛇。

在记忆的时候,我们是4个数字也就是2个编码为一组,分别与每个地点进行形象联想。再次强调一下:联想最忌讳的就是平淡乏味,独特的、滑稽的、生动的、夸张的、带有情感的、调动多种感官的更容易记忆。

第一个地点是树,想象料酒泼到长在树上像果实一样的三九胃泰上,包装盒被腐蚀了,你听到"吱吱"的声音,看到上面冒着白烟!

庄晓娟绘

第二个地点是台灯,想象用旧伞的伞尖去戳挂在台灯上缩小版的西服,把西服戳到灯泡里,灯泡爆炸了,火扑腾就起来了。

庄晓娟绘

第三个地点是壁画,想象你的手拿着棒球棍,一棒子打中了趴在壁画上的松鼠的尾巴,把它的尾巴给打瘪了,它"嗷嗷"地叫了起来。

庄晓娟绘

第四个地点是枕头,香烟点燃了插在枕头上的旧旗,旧旗被烧熔后滴在枕头上,烧出了一个个小洞。

庄晓娟绘

第五个地点是窗台,湿狗用力甩着身上的水,水珠像是子弹一样射中了窗台上的蛇,蛇被打得千疮百孔,倒地而死。

庄晓娟绘

现在你闭上眼睛回想一下，看看每个地点上发生了怎样的故事，你把这些数字编码可以尝试着背一遍。

小白： 料酒、三九胃泰、旧伞、西服、棒球、尾巴、香烟、旧旗、湿狗、蛇。

李威： 你再尝试着把它翻译成数字吧！

（小白挤牙膏一样，把数字都说了出来，说完后她开心地大笑。）

小白： 哇！李威老师太厉害了，讲一遍我就全记住了！

文魁： 只要你想记，背几万位都没问题，我的朋友吕超博士就是记忆圆周率吉尼斯世界纪录保持者，背到了67890位，我的学生崔一凡在大学里一天就记住了圆周率的1000多位，创造了学校的记忆圆周率大赛纪录，这激励他在2015年成为"国际记忆大师"，其实你也可以做到的！

我专门录制了圆周率前120位的记忆教学视频，你扫一下这个二维码，有空时可以看看，看两遍可能就背会喽！最强大脑王峰、胡小玲都是从背诵圆周率开始记忆学习的，短短半小时就能够背出来，让他们对自己的记忆力有了很大的信心！

圆周率记忆视频教学

第六节　最强大脑的副业是编导

小白： 如果平时要记忆大量的信息，是不是要找海量的记忆宫殿呢？这真是一项大工程啊！

文魁： 其实很多人对记忆法的理解很狭隘，以为记忆宫殿是最厉害的记忆法，其他方法他就不屑一顾，其实没有一种方法可以解决所有问题，而且有时候杀鸡也不需要使用牛刀，我们可以灵活运用各种方法，比如锁链串烧法和情境故事法。

小白： 锁链串烧法？怎么让我想到了烧烤？原谅我是吃货！哈哈！

文魁： 哈哈，原理也是一样的，我们是把要记的东西串起来，烤熟了"吃"进我们的大脑里去！锁链串烧法，就是将信息想象成具体的图像，然后像锁链一样两两配对联想，A和B配对，B和C配对，C和D配对，最后连在一起就变成一条锁链，方便依次回想出来。

我以几个词语为例吧，钢笔、足球、丝巾、孙悟空、玫瑰、飞机、炉子、插座、草莓。跟着我一起来想象：我手上举着一支很粗的钢笔，钢笔的尖头狠狠地插向足球，足球的气孔里喷出一条丝巾，丝巾缠住了孙悟空的脚，孙悟空吹口气把金箍棒变成了一朵超大的玫瑰，玫瑰戳穿了天上的飞机，飞机掉下来撞翻了炉子，炉子的火点燃了旁边的插座，插座的孔里长出来一颗草莓，草莓有腿有脚正在跳钢管舞。根据我的描述，再看看我学生杨子悦画的这张图，试着复述看看吧！

杨子悦绘

小白：钢笔、足球、丝巾、孙悟空、玫瑰、飞机、炉子、插座、草莓，背出来完全无压力嘛！

文魁：接下来难度分要增加一点，这一次的词汇量更大：世界杯、灭火器、存折、汽车、算盘、医院、开关、火炬、扑克、金牌、朱古力、刘翔、天平。

就以刚才的草莓作为主角吧，想象草莓正在看世界杯，世界杯赛场着火要用灭火器，一喷喷出了很多的存折，存折本来是用来买汽车的，结果只好踩着算盘上班，路上出车祸送进了医院，医院里有一个黑色的开关，一按开关就点燃了一把火炬，火炬下面我和大伙一起打扑克，我运气很好获得了金牌，却发现金牌是朱古力做的，我把朱古力送给了刘翔，刘翔吃了后力量大增，一下子就跨过了天平。

杨子悦绘

杨子悦绘

小白： 学长，你这也休想难倒我，我可是看动漫长大的！世界杯、灭火器、存折、汽车、算盘、医院、开关、火炬、扑克、金牌、朱古力、刘翔、天平。

文魁： 好吧，鉴定完毕，下一季《最强大脑》你可以来了！

小白： 哈哈，学长别开玩笑，我要学的还挺多的呢。对了，李威学长,刚才用地点定桩法记忆数字,是不是也可以用锁链串烧法呢?

李威: 当然可以喽!我就举一个我亲身经历的例子,在大学期间初学记忆法时,我同桌看到我在看记忆书,就特别好奇地问:"人的记忆力不是天生的吗?你看这种书有啥用?"我说:"那你就考考我呗!你随便报一些数字,我记给你看看!"他当时写了24个,现在我都还存在手机里,我把它们写下来:119315947438537473424926。我的数字编码分别是:11筷子、93救生圈、15鹦鹉、94旧首饰(项链)、74骑士、38妇女、53火山、74骑士、73漆伞、42柿儿、49湿狗、26河流。

我在记忆时结合了锁链串烧法和情境故事法,跟着我的思路来想象一下:一双筷子夹住一个救生圈,救生圈套在鹦鹉的头上,鹦鹉嘴里叼

庄晓娟绘

着旧首饰，旧首饰戴在骑士的脖子上。这位骑士正在和一位妇女在火山上散步，因为很热，骑士走到一把漆伞下面拿了一个柿儿，一只湿狗跑过来想要抢，被骑士一脚踢进了河流里面。

小白：这个难不倒我！锁链串烧法和情境故事法有什么区别呢？

李威：前面的部分我是锁链串烧法，一直到"旧首饰戴在骑士的脖子上"，都是两个信息之间关联，就像A和B拍照，拍完后B和C拍照，然后C和D拍照，任何时候都只有两个形象，而且A和后面的C、D之间并没有直接的逻辑关联，但是情境故事法就有一定的故事情节，彼此之间有一定的逻辑，在同一个画面里有多个形象，就像是拍了一个微电影一样。不过一般我们都是将两种方法结合起来用，中西医结合疗效好嘛！

小白：李威老师果然是"段子王"，哈哈！

李威：我录《最强大脑》请了很多天假，回去后有些工作都不太了解情况了，节目组编导们很贴心地说："你要是工作丢了可以来做编导啊，你们擅长记忆法的，脑子里都是这种天马行空的故事画面，没饭碗了我们这里收留你！"

小白：难怪陈智强说他以后要当电影导演，我觉得和记忆八竿子打不着啊，原来还有这么深的联系啊！

文魁：那是当然，以后陈智强当导演了，所有演员都必须得来学记忆法，这是必修课啊！哈哈！

接下来给你一个挑战，你考研里一定会考到的，美国作家德莱塞的代表作：《美国的悲剧》《嘉莉妹妹》《珍妮姑娘》，还有长篇小说《欲望三部曲》:《金融家》《巨人》《斯多葛》。你用锁链串烧法和情境故事法来试试看。

小白: 美国发生了的一个悲剧,嘉莉的妹妹珍妮姑娘欲望很大,她嫁给了一个长得像巨人的金融家,和他一起撕了很多的葛根。

文魁: 嘉莉妹妹还有点抽象,可以谐音想成家里的妹妹,当然如果你认识有朋友或明星叫嘉莉,也可以直接想到她的形象。另外可以把作家加入故事里哦,德莱塞,我会形象化成"刘德华来塞",接到你的故事后面,刘德华抢来葛根塞进自己嘴里。

小白: 懂了!谢谢学长,以后考研就不怕背作家作品啦!

第七节　画出你的秘密花园

小白: 如果我记得快,忘得也快,不记得我编的故事了,这该怎么办呢?

李威: 其实可以把编的故事的要点记录下来,作为以后复习时回忆的线索,当然还可以用绘图记忆法。作家马克·吐温的记忆力非常糟糕,他以前每天演讲时都要把关键词写在手指上,讲完一个就把那根手指上的文字抹掉,不少观众都觉得他很反常。后来他灵光一现,把要记忆的内容画了几个简笔画,画完他就记住了,抛开这张纸就可以进行脱稿演讲了,"一图胜千言",这就是图像的魅力!这个文魁在《记忆魔法师》里好像讲得比较多,文魁来分享一下吧!

文魁： 嗯，我确实对绘图记忆法情有独钟，也有一些自己的见解和经验。我们脑海中想象的画面就相当于秘密花园，没有人看得到别人脑子里到底在想什么，如果通过绘图法将它可视化，还可以帮助别人也达到同样的记忆效果，刚才我们已经体验过一把了！

小白： 确实有效，不过我可没有绘画的天赋啊！

文魁： 又不是要你成为画家，只需要用简笔画就行，我们的目标是为了更好的记忆。记忆的素材就相当于我们吃的薯条，非常精美的图画就相当于番茄酱，有没有番茄酱对吃薯条其实影响不大。

锁链串烧法相对而言比较好用绘图来表现，先给你看看我的学生吕柯姣的案例。她平时很喜欢吃苹果，就把苹果的作用与功效记了下来，有降低胆固醇、防癌抗癌、清理血管、促进胃肠蠕动、维持酸碱平衡、减肥这六大功效，一起看看她绘制的图！

她把胆固醇转化成在乙醇里泡着的鸡蛋，乙醇倒出来泼到了癌细胞头上，癌细胞正在拿着扫帚清理血管，清理出来的垃圾粘到了胃肠上面，胃肠溃疡了，里面的胃酸喷了出来，这里"维持酸碱平衡"挑选了"维"和"酸"转化成胃酸，胃酸喷到了大白的手上，此时大白正在称体重，代表它需要减肥了！

小白： 我以前朋友圈里这些小常识不知道看过多少遍，转头就忘得一干二净，看了这张图，以后可以好好卖弄一下啦！

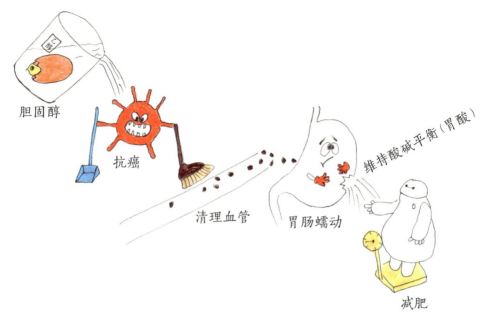

苹果的作用与功效　吕柯姣绘

对啦！我平时还有一个大毛病，就是歌词老是记不住，出去 K 歌看着歌词还行，要即兴演唱我老是掉链子，唱不了几句就卡壳了，记歌词可以用这种绘图记忆法吗？

文魁：当然也是可以的哦！我平时喜欢单曲循环一些歌曲，但是即使听了上百遍，如果没有刻意想要去记歌词，也是记不住的。我们可以在记忆时想象画面，身临其境去感受内容。高中时代我记忆《再别康桥》《荷塘月色》等文章都是用这种方式，再适当地结合一下绘图记忆印象就更加深刻啦。我就拿杨培安唱的《我相信》为例吧，这首歌非常励志，大家也比较熟悉。

我相信（节选）

想飞上天　和太阳肩并肩

世界等着我去改变

想做的梦从不怕别人看见

在这里　我都能实现

大声欢笑　让你我肩并肩

何处不能欢乐无限

抛开烦恼勇敢地大步向前

我就站在舞台中间

我相信我就是我　我相信明天

我相信青春没有地平线

在日落的海边　在热闹的大街

都是我心中最美的乐园

我们一起来看看下页的绘图作品，一个火柴人坐着扫帚飞上天，和太阳肩并着肩，然后他站在地球上面，手上举着魔法棒，代表着"世界等着我去改变"。下面有个火柴人在做梦，梦见站在舞台上实现了冠军梦想，并且和另一个人肩并着肩哈哈大笑。

后面这个黄色的代表聚光灯，火柴人勇敢地向前走着，并且手里扔出去三封信，代表着三个"我相信"，扔到了日落的海边，海边有一条热闹的大街，很多小火柴人在上面走，去迪斯尼乐园玩耍！

《我相信》 吕柯姣绘

李威： 画得非常不错！我以前也没记过这首歌的歌词，听你讲了一遍，我觉得再巩固两遍就差不多了。

文魁： 是啊！我觉得画得非常棒，除了米老鼠画得比较逼真，需要耗费一点时间外，其他的画起来挺简单的，再适当加了一点颜色，很能刺激我们大脑的记忆，所以我经常把这张图作为范例来讲。

小白： 我回去要好好消化一下，争取背几百首歌，说不定还能去《我爱记歌词》这个节目玩玩呢！

文魁： 我感觉你要是练成最强大脑，都要成娱乐圈的大腕了！

如果你要用在考研里面的话，这种方法也挺实用的。除了用锁链串烧法、情境故事法来绘图，定桩法、歌诀法也是可以绘图的。比如崔茹萍老师在学习《教育心理学》时，就直接在书的旁边绘图，看一下她写的《改变学生行为的基本方法》这个案例,方法有强化法、示范法、塑造法、惩罚法、代币奖励法、控制法这6个。(注:代币是在纸片上印有一定的面额,来代替真实的货币。)

崔茹萍绘

"强化"想到了光头强,头上戴着王冠作为榜样来"示范",脸上有两片创可贴,代表着被"惩罚"过,左手拿着100元的代币,右手拿着一张空白的纸,是"控制"的谐音,旁边一个形体教练正在教光头强如何塑造好身材。将身体定桩法绘图呈现出来,是不是看起来就比白纸黑字要清晰易记好多呢?

小白: 确实是的,我得好好试一试。但如果文章特别长呢,是不是得画很多很多画啊?

李威： 这就是我所说的复杂信息了，一般是比较成体系的，我们还可以运用一个更加强大的工具，就是被誉为"打开大脑潜能的万能钥匙"的思维导图！

第八节　你的思维需要导航图

李威： 据说，连美国前副总统戈尔、英国的查尔斯王子、马来西亚的公主都在学习思维导图呢，天王巨星杰克逊还曾请托尼·博赞到他家里去教孩子们画思维导图，波音公司等世界500强的企业很多都在使用，新加坡、韩国的很多学校也将它列入了必修课。

我觉得思维导图本身和记忆法就是一脉相承的，为什么呢？我们短时记忆讲究一次记忆的平均值是7个，思维导图的每一个层次包含的内容也要求在7个以内，这也是遵循记忆的规律，都是为了让信息更容易记忆，它们的目标和原理是一样的，只是形式不同。

文魁： 是的，所以思维导图发明人托尼·博赞先生说："如果把学习比作一场作战，思维导图就相当于指挥官的作战指挥图，而记忆术就是士兵手中的武器，两者合二为一，战无不胜。"

我先给小白看一张吧，这是一位硕士研究生导师画的思维导图（见下页）。我们要怎样看一张思维导图呢？首先是看最中心的这张图，因为主题是"放飞梦想"，所以画了一只鸽子衔着信封，往外面延伸出来有五种颜色的叫主干，代表这个主题从五个方面来讲，分别是健康、家庭、工作、学习和社交。每一个主题又往后细分,比如健康又分成了三大分支:身、心、灵。"身"后面从饮食正常、精力充沛、适应环境进行了展开,"心"后面是希望自己更平和,不要恐惧,"灵"则是追求生命的喜悦,还画了一张笑脸来强化它。

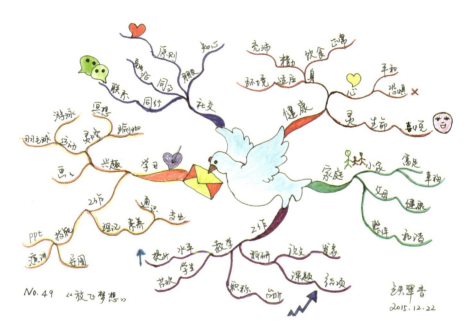

放飞梦想　铁翠香绘

小白: 好像和我们中学时代老师在黑板上画的大括号差不多呀,只是多了一些颜色和图像,并且上面写的字变少了。

文魁: 确实从思维层面和大括号比较类似,都是使用了分类阶层化的技巧,大的主题分出小主题,小主题又细分成更小的主题,所以思维导图需要我们清晰的逻辑思维能力。

从辅助记忆的层面来看，我在"跟谁学"网站上的公开课"如何打造属于你的最强大脑"里讲过"提升记忆力的7种武器"，也就是记忆的7个核心关键词：简单、独特、联结、逻辑、故事、感官、形象。思维导图的分支上是关键词，而分支数量最好不要超过7个，也就是要"简单"；词与词之间通过分支线条建立联系，这就是"联结"；适当使用不同的颜色和图像，符合"形象"的法则；而"中心图"放在最重要的中心位置，而且要求有三种以上颜色，部分重点强调的内容才画一下插图，这就是"独特"的法则。

提升记忆的7种武器

思维导图专家庄晓娟老师曾说过："思维导图就像一个记忆宫殿，每个房间都藏着我要记住的知识，它还像一颗圣诞树，每个枝丫上都挂着精美的礼物，都是闪闪发光的知识点！"这真是一个完美的比喻！

小白： 思维导图看起来好复杂啊，两位学长是怎么开始学的呢？

李威： 我接触到它是2009年在一家脑力训练机构兼职做助教，将记忆法和思维导图进行了系统学习，不过我一直觉得目前市面上的培训都比较浅，还并没有形成一套有效的训练体系。两者结合在一起循序渐进训练之后，会让你学会分析、理解以及运用知识，去建立一门学科的知识体系，这是很好的思维方式和学习方法，是一种"整体式学习"，而不是孤立地死记硬背，考完就忘。

文魁： 我非常赞同李威的观点，目前国内的思维导图教学还比较粗放，很多只是看过博赞先生的书，然后凭着自己的理解在教。国内亲自跟随博赞先生学习的没有几个人，我的搭档王玉印就是其中一个，她怀孕期间挺着大肚子去英国进修，花费了七八万块才取得真经。

我最初学习思维导图其实也走了一些弯路，2007年在一家脑力训练机构借了一本《思维导图》内部教材，在考研复习时绘制了50多张《中国古代文学史》的思维导图，被同学们戏称为"八爪鱼"。

2008年我学习了思维导图课程，绘制了第一张真正意义上的思维导图，才明白思维导图的精髓所在，发现以前的导图文字太长、颜色单调、没有图像，最后画完自己都懒得看，还好遇到老师后"痛改前非"。思维导图还真得现场体验才学得透，很多学生都曾经跟我说："思维导图的书我看了好多遍，还是没明白怎么画思维导图。"因为看书不一定能够看懂，看懂了也不一定会动手，动手了也不一定能坚持，坚持了也不一定是正确的，这就是自学者的挑战。

小白： 我看着思维导图就感觉像一个大螃蟹，不知道该从哪里下手？应该怎么绘制一张思维导图呢？

文魁： 一般绘制思维导图有手绘和软件两种，思维导图软件目前非常多，我最喜欢使用的是博赞研发的iMindMap9，比较接近于手绘的艺术效果，也可以直接导入很多插图，对于绘图和书写功底比较弱的人而言，这是一大福音。在用思维导图做工作汇报、读书笔记、会议记录并且要分享给其他人时，这是一种非常好的方式，这张就是我的学生杜星默绘制的《六顶思考帽》的思维导图。

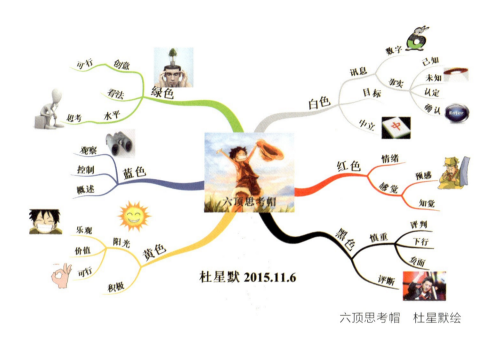

六顶思考帽　杜星默绘

下面一张是我在课程里带着大家一起头脑风暴，设计一些和"吃"有关的记忆挑战项目，罗婷予帮助整理成的一张思维导图。

软件绘制出来的感觉就是比较没有个性，不论是杜星默还是罗婷予的，大家都会以为是同一个人的。所以我们一般最开始学习思维导图时，还是要从手绘开始。在动手绘制的时候，我们会进入到注意力高度集中的状态进行积极思考，并且会沉浸在静心绘制的乐趣之中，这个过程本身也是可以加深记忆的，有些人画完了就基本可以复述出来，再复习几遍就可以进入长期记忆。

吃的那些事儿　罗婷予绘

小白： 手绘需要什么工具呢？

文魁： 一般是使用空白的 A4 纸或 A3 纸，可以让思维更加自由绽放，平时可以用铅笔、不同颜色的中性笔（不少于 3 支），配色时可以使用 12 色的水彩笔或彩色铅笔，刚开始工具不需要太复杂，关键是动手去画！

这张是我发起的"思维导图武林计划"的首届盟主崔茹萍的作品，画的主题是"思维导图的技法"，我们来看看绘制的步骤。

绘制的第一步是将白纸横放，通过图像的方式将主题呈现在中间，我们称之为"中心图"，中心图要形象、醒目，大小适中，至少要 3 种以上颜色，鲜亮但不刺眼。这张图的中心图画的是崔茹萍自己拿着一张导图，她本来想画成一个萌妹子，结果画成了女强盗，哈哈！

思维导图总结　崔茹萍绘

第二步，确定主题延伸出来几个大的主干，这张图里是"中心图""线条""关键词""配图""主干"和"注意"6个，主干从中心图往外延伸出来，一般是从粗到细，像牛角一样，不同的主干分支可以用不同的颜色区分。

第三步，分别在每一条主干后面加入分支，主干和分支之间是总分关系，如果只往后延伸出一条，则是一种递进补充的关系。在画分支线条的时候，尽量用自然流畅的曲线。对于文字，我们抽取关键词写在线的上面，一般根据我们的需求来选，关键词应具有概括性，看到这个关键词可以帮助我们回忆出内容。一般来说，要遵守一线一词的原则，不要直接把一个句子就放上去了，这是思维导图的难点。

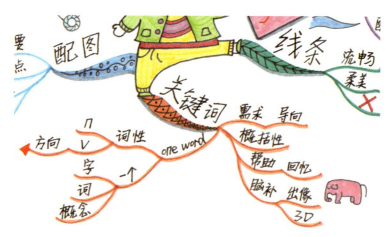

思维导图总结（局部） 崔茹萍绘

第四步，根据自己的需要，对一些重点、难点、易忘点，我们可以在旁边适当配上一些简笔画的插图，注意不要喧宾夺主，抢了中心图的风头，也不需要每个都配图，都是图反而起不到刺激记忆的效果啦！画完之后，我们可以对照着文章来进行修正，最后完工！

关于具体课文绘制成思维导图的案例，可以扫描右边这个二维码看看王玉印老师写的一篇攻略，她把历史课本上《新文化运动》这一课文绘制的步骤写得非常详细。

思维导图笔记分析案例

小白： 学长您说起来还挺简单的，我还得自己多实际操练一下才行，那画完了怎么把它记忆下来呢？

文魁： 绘制的过程就是一种无意识记忆的过程，当然对于一些分支过多的信息，我们也可以通过字头、故事等方式辅助记忆。在复习一张思维导图时，我们可以闭眼回忆中心图、主干以及每条主干下面的分支，如果想不起来就看看导图，多次重复之后，可以把思维导图印在自己的脑海里，做到心中有图，考试胸有成竹。我的学生张铁汉就是通过运用思维导图3个月就考过了中国第一难考的司法考试。

小白： 哇！看来思维导图还真是管用啊！

李威： 思维导图的作用还远不止这些，还可以用来构思写作、策划活动、安排日程、展示成果等，被誉为"大脑的瑞士军刀"。关于思维导图，文魁可以写一本更通俗易懂、上手更容易的书，这个主题就先聊到这里，下面还有一个很重要的版块需要分享一下。

第九节　背诵经典何须和尚念经

李威： 我第一次见到文魁时，就看到他表演了背诵《道德经》，我直到成名被单位关注后，单位邀请我做一个演讲，我为了证明记忆法不仅可以瞬间记忆数字、扑克，还可以用于学习方面的长期记忆，就傻傻地花了四天时间把《道德经》背了下来，还真的挺考验记忆功力的！

文魁： 那确实，《道德经》已经成为记忆界考验能力的必背书，也是一块难啃的骨头。我当时上完两天记忆培训课，就初生牛犊不怕虎地在自习室啃了起来。刚开始使用记忆法，就像初学骑自行车一样，磕磕碰碰是难免的，而且还会摔倒，速度还没有走路快，但是训练多了之后，就变成了自己的本能。我慢慢找到了感觉，一周就挑战完毕了，然后又通过听音频、朗读、背诵等方式来复习，做到了任意点背。

李威： 后来听说你还背下了《论语》和《易经》？

文魁： 是啊，《论语》是《道德经》字数的三倍，而且风格比较多变，难度系数比较高。背的时候恰逢 2008 年全国罕见的大雪，我每天早上 5 点多就会自己醒来，半梦半醒之间，脑海里的《论语》就会自动翻页，大段大段的文字浮现在我眼前。我就干脆爬起来躲在被窝里，借着手机的光线开始背《论语》，饿了就蹑手蹑脚地打开一袋饼干，轻轻地撕开，小心地含化，生怕吵醒了睡在我上铺的兄弟。那段时间他们看我这痴狂劲，估计都以为我"走火入魔"了。

李威：不疯魔，不成活！

文魁：是挺疯魔的，还有老鼠做伴，陪我潇潇洒洒。放假后室友都回家了，陪伴我的就只有老鼠。我睡觉的时候就听到床底下它们四处乱窜的声音，我担心老鼠饿坏了晚上会咬我耳朵，每次出门我都会带点食物来喂它们。最终我们和平相处了10天，《论语》也背熟了。

李威：《论语》你还是用地点桩吗？我觉得一般人要找那么多地点还是有难度的，像我教一位小学四年级的学生背《论语》就不是用地点桩，而是用熟语定桩法。《论语》总共就二十章，每章十几段到三十几段。我先教她找已经记住的二十首唐诗，然后将每首唐诗的标题与《论语》每一章的标题进行对应，最后每一首诗歌的每一个字转化成形象的词语后与《论语》中该章的某一段对应，其实还是挺简单的。目前她可以按顺序背完半部《论语》了，而和她同步开始背诵的没有学过记忆方法的同学，目前做不到完整背诵一章的内容，只能记住少数比较常见的段落。

文魁：我背《论语》时也试过，我把长诗《长恨歌》背了下来，用它来作为桩子，每个字都转化成形象，然后分别和《论语》里的每一句进行联想。另外我也运用了字母桩，有两章正好都是26段。不过提取记忆的速度不够快，于是还是用地点定桩法。桩的作用主要是帮助做到任意点背哪一章第几句是什么，同时也记住各句之间的先后顺序。至于具体文字内容的记忆，在理解和熟读的基础上，还得灵活使用各种记忆技巧。

李威：是的，你是学中文专业的，你给小白分享一下，你背诵国学经典的方法和步骤吧，要不就拿《论语》来举例，我先挑一句比较经典的《学而第一》里的一句：

子曰："弟子入则孝，出则悌，谨而信，泛爱众而亲仁。行有余力，则以学文。"

文魁： 我背国学经典的过程，也犯过不少错误，慢慢摸索出一些规律来。背古文的第一步是感官记忆，通过看、读、听等方式，有些简单的句子自然而然就记住了，如果把短时记忆到长时记忆的通道比成筛子的话，这些信息是比较小的颗粒，因为比较简单、形象、熟悉、有规律，所以容易落到筛子下面。

第二步是理解记忆，生僻的字词句通过注释和译文弄懂，相当于把较大的颗粒融化成小颗粒，让其能够进入到筛子里面。

还有一些顽固不化的大石头，就要通过斧子、锤子、凿子等工具把它敲打碎了，这就是第三步：灵活使用记忆法，比如情境想象法、字头歌诀法、故事记忆法、定桩记忆法等。

最后一步，及时检测背诵效果，将打回原型的和容易混淆的及时消灭，在熟背之后再通过科学复习，达到长时间记忆。

小白： 原来背个古文还有这么多讲究啊？我都是和尚念经一样的背，一个早自习下来，头都嗡嗡的，快疯掉了！

文魁： 和尚念经，有口无心。我们在记忆时还是需要用心感受，用脑思考。我背《论语》时会先阅读正文和注释，并且发声读两遍内容，边读边根据意思想象其画面。这一句的意思是：年纪小的人在家里要孝顺父母，外出要尊敬兄长，谨慎而且守信用，博爱民众，亲近有仁德的人。做到这些以后，还有多余的精力，就用来学习礼仪文化。

运用情境想象法，我会想到这样的画面：一个小朋友在家里给父母端茶倒水，出门后看到哥哥就给哥哥鞠躬，哥哥给他一封锦信要他去送，他拿着信走到群众面前献出飞吻，并且亲了仁人孔子，告别大家后他行走了很久，但依然有力气，就停下来学起《语文》来。

《学而第一》　　庄晓娟绘

在这个想象的画面里，有些比较抽象的适当进行了形象转化，比如"谨而信"使用了谐音变成"锦信"的形象，所以在背完后检测时，要特别注意本来的意思。

小白：这一段好像是《弟子规》里的吧？

文魁：《弟子规》是根据这一段衍生出来的，我记得李威以前担任助教时，带的7个孩子都能够把《弟子规》任意点背，他也是那一期最优秀的助教。要不我也考你《论语》中的一段，你来给小白讲讲。

请接题，《论语·阳货第十七》这一段：

子张问仁于孔子。孔子曰："能行五者于天下为仁矣。""请问之。"曰："恭、宽、信、敏、惠。恭则不侮，宽则得众，信则人任焉，敏则有功，惠则足以使人。"

译文：子张向孔子问怎样才是"仁"，孔子说："能在世上实践五种美德，那就是有仁德了。"子张说："请问是哪五种？"孔子说："谦恭、宽厚、诚实、勤敏、慈惠。谦恭就不致遭受侮辱，宽厚就会得到众人的拥护，诚实能得到别人的任用，勤敏就能做事显出成效，慈惠就足以役使别人。"

李威：这一段还挺简单的吧！"恭、宽、信、敏、惠"可以通过谐音转化成"公款性命毁"，后面对应的5个词语，可以分别用配对联想法，"恭则不侮"由"恭"和"侮"想到了杨恭如，"宽则得众"，想到《黄飞鸿》里的阿宽得到众人的拥护，"信则人任焉"直接联想到"信任"，"敏则有功"，想到敏捷的轻功。

当然我们也可以结合意思来想象故事，比如想到杨恭如演戏时被责骂侮辱，她依然宽厚对待，众人都为她打抱不平，她诚实地说出她确实有做得不好的地方，导演看到后把她定为了女一号，接下来她演起戏来非常的勤敏，拍片的效率非常高，而且她经常给群众演员一些恩惠，大家都非常乐意听她差遣。

小白： 我怎么有一种穿越的感觉！哈哈！这种方法确实比较好记！

文魁： 李威的这个分享挺经典的，记忆也是可以"一题多解"的，运用多了就会找到最优方案。我们把每一句分别记忆下来之后，想要做到任意点背，哪一章第几句是什么，最快的方式是使用数字定桩法，比如第5章第14句是："子路有闻，未之能行，唯恐有闻。"只需要把数字5、14的编码手套、钥匙与句子的关键词"子路有闻"联想即可，我想象的是子路戴着手套拿着钥匙在鼻子面前闻。

小白： 做到任意点背有什么用呢？

文魁： 套用一个过气的流行词，就是"然并卵"（然而并没有什么用）。其实我发现《论语》里很多内容我并不喜欢，只需要挑选我喜欢的记住即可，没有必要把全本都记住。甚至，如果我们是为了学以致用的话，只要通过译文理解其精髓就可以了，背不背原文关系也不大。

但是如果你能够挑战背下一本国学经典，会让你很有成就感，有信心去迎接更大的挑战，比如成为"世界记忆大师"。我的学生杜星默，他说他以前的业余生活就是斗地主、泡酒吧、K歌，不甘心一辈子就这样混日子，就来武汉找我学习，回去后开始挑战背诵《道德经》。他好多年都没有静心学习过，坐十几分钟就屁股疼，注意力飞到九霄云外，最终他战胜了自己，并在复训时给同学表演任意点背。同学们都称赞他意志力非常强，这让他发现自己也挺优秀的，最终决定要在2016年参加世界脑力锦标赛，为了自我的证明而战！

有时候，看似无用的东西，恰恰有着大用！小白，等你开始系统学习记忆法了，一定要背一本国学经典，当你做到的时候，你就会体会到我们的心情了，说不定你也会萌生冲动，去拿个"世界记忆大师"玩玩。

小白： 呃！"世界记忆大师"，遥不可及啊！

第二章
脑力大赛"忆"路痴狂

Super Brain
最 强 大 脑

第一节　我走过的弯路请你绕道

小白： 李威学长，您当初为什么想要成为"世界记忆大师"呢？

李威： 可能主要还是因为自己有一股挑战极限的劲，觉得自己不能参加传统意义上的奥运会，如果能在有"脑力奥运"之称的世界脑力锦标赛中打破世界纪录，也是一件特别酷的事情。2009 年我在一家脑力培训机构做助教时，是几十个助教中技术最好的，教学的效果也是最好的。当时我带的学生问我："李威哥哥，你去参加比赛成为'世界记忆大师'吧，我们都相信你一定可以的！"我当时也找到了一些记忆方面的成就感，于是就决定先尝试一下看看。

当年想要获得"世界记忆大师"只有三项标准：1 小时记忆 1000 个数字，1 小时记忆 10 副扑克牌，2 分钟记忆 1 副扑克牌。我先把训练的重心放在了扑克上。我记得我第二次记忆扑克的时候，花了 8 分钟时间，当时特别有成就感，但是我的室友却泼了我一瓢冷水，他说："你知道我们学校有个"世界记忆大师"吧？你知道他要多长时间吗？"

我说："62秒！"

他抛下一句话："李威同志，你们的差距还很远啊！革命尚未成功，同志仍须努力！"我当时还挺失落的，但是这也激发出我的斗志，我相信有一天我会超过文魁！

小白：哈哈！也许您的室友是在使"激将法"，他估计也没有想到，"世界记忆大师"就是这么被激励出来的。

说到扑克，我看到《最强大脑》王峰和西蒙以及黄胜华和西蒙的对战，看得我心惊胆战的，王峰怎么可能在19.8秒记住呢？他编故事的话可以编得那么快吗？

李威：我们记扑克都是用的地点定桩法，比赛时扑克去掉了大小王，一副牌有52张，我们用26个地点就够了。关键点就是提前对每张扑克进行形象编码，扑克的花色黑桃、红桃、梅花、方片可以分别用1、2、3、4来代替，花色和点数组合就变成了数字，比如黑桃10就是10，黑桃5就是15，方片9就是49。另外花牌J、Q、K也可以分别用5、6、7代表，比如J的四个花色分别用51、52、53、54来代表，这样就可以直接用数字编码来记忆。

文魁：另外，也有人按照音、形、义重新对扑克编码的，比如黑桃5可以谐音为核武器，红桃K联想到红桃K口服液，红桃Q想到一个红色的鸡蛋，也有人把J、Q、K分别定义成人物，比如Q是女性，用古代的四大美女来做编码。我个人觉得还是用数字编码好，这样训练数字和扑克就可以互相促进。关于扑克比赛的流程和记忆技巧，我之前录制了一个视频，你有兴趣可以扫描下面的二维码看看。

扑克记忆训练系统

李威，你当年的训练记录还有吗？

李威： 我都保存在电脑里了，我打开看看。

2009年3月7日是3分30秒，3月22日是2分50秒。当时白天需要学习公司和武汉大学合办的岗前培训课程，只有晚上零碎的时间来训练，所以进步的幅度并不大。

我记得后来问过你那时的世界纪录，你当时告诉我是20多秒，是由世界记忆总冠军老本（Big Ben）保持的，他是把两张牌整体作为一个编码。当时我心里想："如果我要去学一个东西，一定要找到最先进的方法。"从理论上来看，他采取这样的方式应该会更快一些，而且他保持这项世界纪录也说明了这一点。

于是我就下苦功做了一些尝试，把扑克牌两两组合的2652种形象，全部用简笔画给画了出来，耗费了几天时间才完成，画完还挺有成就感的，但是用了一个星期之后，我发现根本不是想象中的那样好用。因为画出来的图都是平面的、静态的、缺少变化的，而大脑更倾向于记住一些动态的有趣的信息，另外熟练掌握这 2652 种形象也非一日之功，所以我还是老老实实地回到了最原始也是最可靠的方法上来。

文魁： 我的学生谢超东在训练时，曾经有一段时间就走过弯路，借鉴了多米尼克的体系，每个编码都有一个人和一个物。比如 23 想到乔丹和篮球，54 想到巫师和魔法棒，2354 就想象乔丹拿着魔法棒站在地点上。因为太过于静态，遗忘率比较高，最后比赛前临时改过来，2014 年就没有成功，好在 2015 年"痛改前非"，闭关静修，先后夺得了"亚洲记忆大师"和"国际记忆大师"的称号，在 2016 年日本记忆友谊赛还获得了总亚军。

小白： 怎么有这么多不同的"记忆大师"？

文魁： 主要还是中国人太厉害，批量生产"世界记忆大师"，2014 年之后"世界记忆大师"开始分级，达到三项标准并且总分达到 3000 分可以获得"国际记忆大师"称号。

达到"国际记忆大师"要求，且在当年的世界脑力锦标赛中获得最少 5000 分的首五名选手，可以获得"特级记忆大师"称号。达到这个水平可以说是国际一流的记忆高手了。郑爱强是 2014 年中国唯一新增的一位。2015 年又增加了陈永松、刘会凤、黄胜华、潘梓祺四位。2014 年之前的所有"世界记忆大师"，即使没有达到 5000 分，都被称为"特级记忆大师"。

如果总分达到 6000 分以上，就可以称为"国际特级记忆大师"，这代表着国际顶尖的水平。

李威：分的级别太多了，会让人傻傻分不清楚，不过以前"世界记忆大师"的标准确实不难。如果不是因为毕业以后工作太忙，我在2009年应该也可以成功的。

当时让我信心大增的就是武汉大学首届"记忆之星"学习挑战赛。当时有"知识点抢记""英语单词速记""随机词汇""随机数字"四个项目。我在比赛前练习了20多天，每天练习1到2小时，最终5分钟记忆126个数字获得了冠军，并且以两块金牌的成绩进入5月初的总决赛。决赛要面对着大屏幕记忆，除了必答题还有抢答题，答错了也要倒扣分的，但我最终还是稳定发挥夺得总冠军！

李威参加武汉大学首届"记忆之星"学习挑战赛

文魁： 估计那时你怎么也不会想到，7年之后你会和世界记忆冠军马劳一起抢答吧？

李威： 是啊，这算是我在记忆比赛中的处女秀，对我而言意义非凡。能够在即将离校时成为武大的记忆冠军，这是非常有意义的毕业礼物，而且为我工作之后的记忆训练增添了很多动力。

可惜的是，我到中广核上班之后，离中国区选拔赛的举办只有一个月。我当时心里特别着急，因为记忆一副扑克牌要在两分钟以内。我刚上班不可能请假，所以就想着要优化方法。国外高手都是1000位编码，我觉得这样记忆的效率是别人的1.5倍。于是我就花了一个星期的时间准备了1000位编码，比如211，可以编码成211工程大学，我的形象是武汉大学的校门，或者谐音成"鹅摇摇"，想象成鹅大摇大摆走动的样子。

我编完之后还蛮兴奋的，但用起来就不是那么回事了。我发现我又想当然了，要熟悉它们是一个非常大的工程，到比赛之前我还有很多不熟的，无奈之下只好放弃了比赛。

文魁： 看来你和我性格里还有蛮多相似的地方，我也是喜欢折腾，总想着去找世界上最先进的方法，而且不碰壁就不会死心，一路上也走了很多弯路。当时因为历史年代用三位数编码更快，2010年我也花了几个月时间，学外国人编了三位数编码，最终对我提升历史年代成绩没有明显帮助。我每年折腾了一种方法，就像是挖井只挖了一个小坑一样。如果把任何一种我使用的方法练到极致，也是一样可以达到不错的水准。

小白： 历史年代？是记忆古代的历史事件的时间？

李威： 不是的，是虚拟的一些历史或未来事件，时间是在1000到2099之间，如果是两位数编码，我们需要将数字变成两个形象，再和后面历史事件的关键词进行联想，而使用三位数编码的选手只需要想到一个形象，这就是中国选手和外国高手的差距所在。

文魁： 我这里有新加坡记忆运动协会主席周伟隆提供的2015年新加坡记忆公开赛的试题，你举几个例子给小白扫扫盲。

历史年代试题

李威： 就举第一个吧，1021的编码是棒球和鳄鱼，"国王娶了模特儿"我不用全部想出来，只挑选"国王"作为关键词就行了，想象国王手拿着棒球棍打到一只鳄鱼眼睛上,把鳄鱼的眼睛打飞了出去。

再看第三个,1204 的编码是椅儿和小汽车,因为小汽车有 4 个圆形的轮子,想象我用手抡起了一把椅儿,砸到了停在路边的小汽车上,这个汽车的标志是"大众"的,或者想象汽车动起来冲向了群众。

如果是用三位数编码,第七个 1578,我的 578 编码是武器花,形象是一朵带刺的玫瑰花,玫瑰花鞭打在北极熊身上,遍体鳞伤。

文魁: 三位数编码优势确实很明显,你和马劳挑战"像素大战",对应的数字是三位数,明显是马劳有优势,你会不会比较吃亏?

李威: 其实我也重新启用了 1000 位编码,在"辨变脸""牛仔很忙""像素大战"这些项目上我用它帮助我赢得了关键性的一战。刘会凤那个"俄罗斯套娃"项目如果给我,我也会很快!

很多记忆爱好者也经常问我 1000 位编码的事情,我的建议是:初学者还是按照最常规的方法来,踏踏实实地训练,不要盲目求快求新,将简单的招数练到极致就是高手。

我希望我走过的弯路,大家都不要再走!

第二节 痴迷训练终成记忆大师

李威: 2009 年的世界脑力锦标赛我弃赛了,但依然非常关注最新动态。在《楚天都市报》电子版上,我看到了一条消息:"14 日落幕的第 18 届世界脑力锦标赛上,袁文魁的徒弟——该校大二学生王峰脱颖而出,也获得了'世界记忆大师'称号,并以31.02秒记忆一副扑克牌的成绩获冠军,以一小时记忆1984个数字打破了世界纪录。"

这个消息很振奋人心,因为不止文魁一个人做到了,现在王峰也做到了,证明文魁并不是因为天赋,而是这种方法确实非常有效。我也开始反思自己,觉得"世界记忆大师"的目标太低了,古语有云:"谋其上者得其中,谋其中者得其下。"于是我把目标定在了"世界记忆冠军",王峰从当年7月份开始跟着文魁训练,到11月就成为"世界记忆冠军",我相信我也有可能做到!

文魁: 好像你是2010年全球第一个报名比赛的吧?

李威: 对,已经错过了一次,我不能再留下遗憾。

文魁: 我昨天还专门查了一下我们之间的邮件往来,你在六一儿童节就不好好过节,给我发了一封邮件,说现在世界赛("世界脑力锦标赛"的简称)报名的人还不是很多,问我中国赛是不是可以报名了。

我们当时就用邮件聊起天了,我说:"中国赛不着急报名。"

Fw:World Memory Championships 2010 News Update ☆
发件人:whu_liwei <whu_liwei@163.com>
时 间:2010年6月1日(星期二) 中午11:43
收件人:记忆魔法师袁文魁 <ywkgotop1@qq.com>

现在世界赛报名的人还不是很多呀。

今天好像中国赛就可以报名了吧!
你最近怎么样?

你几天之后问:"世界赛延期到 11 月了?"

我说:"12 月,中国赛时间不变,仍然是 8 月 17 日,努力准备!最好请一个月假,欢迎来武汉和我们一起训练。"

你当时的答复是:"我没有那么多假期,我所有的假加起来才不到三个星期。我现在一个人干着两个项目的活,我到 7 月底看能不能请假,如果可以的话我请三个星期回武汉去和你们一起训练吧!"

李威:当时确实很想来武汉,但是很难请到假。我当时找你要了很多比赛的真题,还问了比赛的计分规则,然后我还专门研究了世界纪录,并以中国赛的时间作为倒计时,制订了几个月的训练计划。每一周每个项目应该训练几次,每天早上、中午、晚上分别训练什么,我都进行了详细安排。因为白天还要上班,我不像王峰那样时间充裕,所以训练也只能是抽空,甚至连坐车和排队的时间都不放过。

比赛要记忆数字、人名还有相貌,我在工作和生活中就会随时随地训练。上班时每给一个陌生同事打电话,我都会记住他的名字,并且争取一次性牢记号码,以后再听到这个人的名字时,我都会很快报出他的号码来。我每天还要处理几百份文件,每份文件都有一个六位数的流水号,我要求自己每看过一份文件都必须把它的编号和进展记下来。当同事需要用电脑搜索才知道文件的进展时,我只需要看一眼编号就可以脱口而出。

文魁:你这训练真是见缝插针啊。很多人抱怨没有时间训练,但是大把大把的时间都浪费在玩手机上。你的时间管理和零碎训练方案相信会对很多人有启发。

李威在工作中训练记忆

小白： 李威学长，您当时就这样白天在工作时训练一下，就成为记忆大师了吗？

李威： 当然没有那么简单！我白天有高强度的工作，只有晚上才能安心训练。每天晚上我从7点训练到10点，强度还是比较大的。独自一个人孤军奋战也是一个考验，有时候遇到技术上的困难，也会和文魁电话沟通一下，但是毕竟没有当面交流那么清楚。

而且，长时间盯着密密麻麻的数字，眼睛疲惫之后就会很不舒服。在一个星期内，我曾用掉了三瓶眼药水。但是不断超越自己的愉悦感觉，让这一切都非常值得！

文魁： 那一年的中国赛还是"坑爹"地改了时间，到国庆期间才举办。我们团队的吴思远当时马上要升高三，本来想等8月份中国赛比完，不管入不入围都回去备考，结果延期搞得很纠结，她最终还是一直比到了 12 月份夺得"世界记忆大师"称号。当年的比赛还有印象吗？

李威： 我记得那时在广州举办的中国赛有 153 名选手，包括我在内有 11 位后来成为《最强大脑》选手。他们是王峰、杨冠新、郑才千、胡小玲、黄华珠、胡庆文、刘健、刘鸿志、徐灿林、倪梓强，可想而知，没有世界脑力锦标赛，《最强大脑》很难持续办下去。

参赛选手大部分是中小学生。我的同桌王点点后来成为世界赛少年组总冠军，并且在 2015 年被剑桥大学三一学院录取。在记忆比赛中表现出色的学生，在学业上也都是挺好的。最强大脑黄华珠考到了香港城市大学，现在读高一的陈智强，为了参加记忆比赛和《最强大脑》请了两个多月假，回去考试依然是班上第一名。

文魁： 当时比赛的成绩怎么样？

李威： 第一次参赛，很多比赛规则的细节还不清楚，最终我居然连一块奖牌都没有，但以总分第五的成绩晋级了。这离我的记忆冠军梦想差距太大了，心里相当郁闷。

回去后我决定放弃不切实际的目标，争取至少打破一项纪录，拿到三枚奖牌。而突破点就是抽象图形，它的世界纪录是德国卡斯腾博士创造的 318 个，我当时在中国赛的成绩才 126 个，但是我觉得我可以至少增加到 3 倍。20 多天之后，我最好的成绩已经是 370 个，平均成绩稳定在 350 个，很有希望破纪录！

抽象图形对我在《最强大脑》挑战各种图形类项目有非常大的帮助。在挑战"牛仔很忙"这个项目时，魏坤琳教授还称赞我是中国战队里图形记忆能力最强的人。

小白： 这个抽象图形到底抽象到什么程度呢？是像西方艺术里面抽象派的画吗？

李威： 你来看看我们比赛时的真题，就是下图所示这种"四不像"的东西，看起来是不是觉得头很晕。如果要你记完画出来，你可就疯了。我们的比赛规则是这样的，每一排有5个抽象图形，我们需要把它们的顺序记住，答题纸上这5个图形的位置已经随机打乱，需要我们把它们排序出来。每行答对得5分，答错扣1分。

这是我们记忆试题的其中一排：

这是回忆的答卷：

Seq：　　　Seq：　　　Seq：　　　Seq：　　　Seq：

这道题正确答案为2，3，5，4，1。

我最开始面对抽象图形时也是很恐惧的，当时没有老师面对面教学，而且训练材料也非常缺乏。打电话给文魁时，他告诉我就找它们的特征呗，比如有几个角或者特定的图案。我发现这句话太浓缩了，一直不知道从哪里下手，所以刚开始对这个项目是有些排斥的。

但我知道"最大的恐惧来自于恐惧本身"，如果你不去做这件事的话会觉得它一直很难，然后我就开始摸索着去尝试，慢慢找到了一些感觉，并且越来越喜欢这个项目了。

记忆抽象图形的第一步依然是编码，因为不需要精准记忆，只需要找出其突出特征，能够与其他图形区分开来就可以了，而且同一个图形可以有不同的编码方式，比如：

1.下左图从整体上看它像什么？这个像练习瑜伽坐立前屈式的女人。

2.该图形如果扩充之后，可以转化成一个倒放的心形。

3.观察局部特征。发现最右边有一个类似于镰刀的形状。

4.如果从纹理上看,类似于某种树皮或皮革制品。

这个是我的编码方式,当能够有效区分记忆单个图形后,记住每排的顺序只需要用地点法或者故事法即可。我习惯于用两个地点来记忆前面4个,最后一个可以排除出来。

当初比赛组委会新设这个项目时,希望能够考验选手的天生记忆能力。结果各国选手都想到了非常多的记忆策略,还有的会把它转化成数字来记,但都离不开一个前提:观察并编码。《最强大脑》上的"海底总动员""微观辨水""一叶一菩提""心心相印"等项目也是运用类似的方法。

小白： 方法我大致听懂了，可是您当时的成绩增加到了3倍，怎么会在这么短的时间，有如此神速的进步呢？

李威： 这20多天如果还是业余训练的话，肯定没戏！当时我做了一件很疯狂的事情，把一年当中所有的假期，包括前一年攒的假，全部都请了。我们集团里有几万个同事，除我之外都没有听过世界脑力锦标赛，部分同事知道我在中国赛拿到第五名，依然非常惊讶："你参加这个比赛到底有啥用，又不能当饭吃？"

在他们的概念里，休假就是去旅游或者探亲，但我却每天按时出现在食堂里。听说我在寝室里训练记扑克，他们都投来异样的眼光，把我当成是"奇葩""疯子"。不过我最终发现：只有不被人理解的事，只有少数人愿意干的事，才有可能超过大部分人。

那年我成为"世界记忆大师"之后，我的领导问我："你是不是去参加了一个记忆比赛，我老婆说在央视新闻频道看到你了，我说怎么可能啊，你从来没有和我提起过啊。"我把《深圳特区报》的报道《深圳有了首位"世界记忆大师"》转发给他，没想到一发不可收拾，一传十，十传百，整个公司差不多都知道了。我的部门经理也破天荒地第一次直接打电话给我，祝贺我获得了世界级荣誉。

后来，我经常被邀请去给员工做公益演讲，在晚会上进行记忆表演，参加各种知识竞赛，我一下子成为公司的明星，得到了领导的器重以及同事们的另眼相待。他们也经常会给我出记忆的难题，比如吃饭背菜单，开会背流程，还有一些稀奇古怪的挑战项目，我要在没有任何准备的情况下即兴挑战。这也让我去思考记忆法在不同方面的应用,练就了很强的迁移性,让我在《最强大脑》上能够完成一个个看似不可能的挑战。

小白: 您这完全是人生赢家的节奏啊!经历了这么多非议,走上了这条很少有人走的路,但是最终取得了成功,赢得了大家的赞许。我们只是看到你在《最强大脑》上光鲜的一面,却没有看到背后付出的汗水,确实没有人可以随随便便成功。

李威开讲之三:古希腊人的联想法则

古希腊人非常重视联想记忆术,他们还总结出六个黄金法则,可以让我们在记忆时印象更加深刻。

①色彩。大脑是"好色"的,色彩越生动丰富,记忆的效率就越高,看彩色电视就比黑白电视更过瘾,印象更深刻。我们在记忆时,如果想象一只鹦鹉,可以尽可能想象色彩斑斓的羽毛,会记得更牢固。

②立体。就像看3D电影和2D电影一样,立体的东西比平面的更好记,一般人学习记忆法看到的数字编码图都是印在书上的,我们可以通过想象让它们更立体,更真实,让它们"活"起来!

③想象。像《爱丽斯漫游奇境》一样,我们可以将要记的东西放大或者缩小,还可以设置一些荒诞离奇的情节,比如扫帚一般是用来扫地的,拿来炒菜就比较荒诞,很容易就记住了。

④动感。动画和电影比图片更好记,人更容易被动态的东西吸引。

⑤感官。包括视觉、听觉、触觉、味觉、嗅觉等等,脑海中看到一根点燃的蜡烛,可以听到它燃烧时发出"吱吱"的声音,并且闻到它的味道,摸一摸感受一下被融化的蜡烫伤的感觉,这样记忆就会更加深刻。

⑥顺序。在记忆的过程中要注意先后顺序。我们可以通过空间关系、逻辑关系、主被动关系等来定义先后顺序,比如两个编码联想时,可以定义在左边或者上边的为第一个,或者主动发生动作的为第一个,这样就不会混淆。

庄晓娟绘

第三节　羊城论剑与大神过招

小白： 你当时参加世界赛，第一次和世界高手竞争，有没有发现一些比较好玩的事？

李威： 要说世界脑力锦标赛有啥好玩的，还真是挺沉闷无聊的，有朋友还想去现场观战，当时央视连续三天直播，我觉得没什么观众会看得下去。因为比赛和考试差不多，我们真正的战场是在大脑里面，选手们外表都非常平静，但脑子却在超高速运转着，在记忆宫殿里想象着各种有趣离奇的画面，然后就很神奇地创造了一个个记忆纪录。

小白： 第一次与国外的"大神"过招，是怎样的心情呢？

李威： 我第一次参赛还觉得挺新鲜的，有20多个国家的100多名选手参加，我遇到了很多以前觉得像神一样的存在。马劳当时还没有使用轮椅，他一瘸一拐地慢慢朝我走来时，我感到很心疼，他一直在和肌肉萎缩作斗争。他攻读脑科学并热衷于记忆训练，并渴望在脑力世界里夺得皇冠。前一年在伦敦他的成绩次于老本、排名第二，但是在德国赛上他把排名刷新到世界第一，让我对他更加心怀崇敬。最后颁奖时，我有幸和他同台领奖，我搀扶着他一步步走上领奖台，没有想到，6年之后我们再战《最强大脑》时，他已经坐上了轮椅。

文魁： 是挺可惜的，也让人不得不佩服，当时我在现场看到马劳接受央视采访时，说他是因为卡斯腾博士的电视节目接触到记忆法的！当时他突然排名世界第一,这匹黑马的出现给王峰造成了不小的压力。我帮王峰比较了一下他和马劳的成绩,并制订了一种超越马劳的方案,这让王峰对自己也充满了信心。

李威： 德国战队卡斯腾确实算是灵魂人物,他接近60岁了依然活跃在赛场,前两年他都一直在刷新记忆抽象图形的世界纪录,可见大脑越使用越灵活,并不直接和年龄成正比。

2010年李威与马劳、王峰同台领奖

他浑身上下都是肌肉,更像是一个健身教练,在比赛间隙他还会玩杂耍球,据说可以锻炼大脑的专注力和反应力,另外他每天早晚都要围着酒店跑很多圈,通过训练自己的身体来保持最佳的大脑状态。

除了锻炼身体之外,选手们调整状态的方式千奇百怪,英国选手在赛场上通过倒立来给大脑供氧,蒙古选手则会玩"飞碟杯",我调整状态的方式是听轻音乐和深呼吸冥想，这样有助于大脑进入 α 波状态。

李威开讲之四：如何进入优势脑波状态

1929年德国精神病学家汉斯·博格尔用脑电记录仪观测到了大脑皮层的生物电活动，根据脑电波的频率、振幅不同，把正常的脑电波分成四类，这四类波形分别是：α 波、β 波、θ 波和 δ 波。不同的脑电波和人精神状态的关系可以看下表：

脑电波和人精神状态的关系

α 波（8～14Hz）	α 波是人们学习与思考的最佳脑波状态
β 波（14Hz以上）	人清醒时大部分时间处于 β 波为优势波的状态。适当的 β 波对注意力提升以及认知行为的发展有积极作用
θ 波（4～8Hz）	θ 波为优势波时，人的意识中断，身边深沉放松，对于外界的信息呈现高度的受暗示状态，即被催眠状态
δ 波（0.4～4Hz）	人的睡眠品质好坏与 δ 波有非常直接的关系

我们的大脑在 α 波状态时有助于长时记忆，帮助我们大大提高学习能力，那怎样才能获得 α 波呢？下面介绍两种常见的方法：

一、音乐法

用节奏接近于人的心跳速率的音乐，比如，16—18世纪的音乐家巴赫、维奥斯等人创作的节奏在每分钟60拍的"巴洛克音乐"，能消除紧张，集中注意力，有利于提升学习效率。听音乐时不要去分析音乐的节奏或是表达的意思，而是让音符自然流入你的大脑，用心来感知音乐给你带来的感觉，这样更容易进入到 α 波状态。

下面给大家推荐一些我常听的音乐：《月光》（德彪西）、《夜曲》（肖邦）、《G 弦上的咏叹调》（巴赫）、《蓝色的多瑙河》（约翰·施特劳斯）等。

二、深呼吸冥想法

大脑最需要充足的氧气，而腹式呼吸是最好的供给方式，我使用的是腹式呼吸中的"动静呼吸法"，要领是闭上眼睛，全身自然放松，思想专一，吸气时用鼻子，呼气时用嘴巴。"动"呼吸，就是有意识地控制呼吸节奏，并采取"一吸四憋二呼"的方式。吸气 1 秒钟之后，腹部凸起，然后憋气 4 秒钟，再用 2 秒钟呼气，腹部凹进，刚开始憋气会有点难受，慢慢你就会习惯了，然后每个环节的时间也可以翻倍。当你这样连续做了 3～5 分钟之后，开始进入到"静"呼吸阶段，就是很自然的一种呼吸方式。

通过"动静呼吸法"，可以让我进入到比较放松的状态，此时可以想象自己未来成功的画面，并且对自己进行积极的自我暗示，比如"我记得又快、又准、又牢"，"我能够记住所有的信息"，"我就是世界记忆冠军"，让自己的大脑进入到预备的状态，当开始记忆时就会迅速进入状态。

文魁：还有一种不错的方式就是大脑按摩，比如按太阳穴、百会穴、风池穴，将手掌搓热后，顺时针和逆时针各揉 10～20 次，就会起到不错的效果。

还可以双手十指分开由前额向后脑勺"梳头",最后揉按脖子,或者是按摩手掌虎口部位的合谷穴、手掌心的劳宫穴一两分钟,出现酸麻感即可提神醒脑。

我在 2009 年比赛就请后来在《最强大脑》第二季挑战"辨骨识人"的选手史俊恒帮我按摩大脑,结果就拿了块铜牌。2014 年我带队比赛时,还专门请了大脑按摩师罗润祥医生,为队员们按摩来放松大脑。

李威: 是的,放松大脑对我们比赛竞技非常重要,而且方式也越来越专业化了,听说你们最近还用了脑波仪是吧!

我发现国外选手当时的比赛装备就很职业化。卡斯腾拎着一个银白色的保险箱上阵,戴上防反光眼镜和隔音耳塞,颇有一点"007"(英国谍战电影里主人公的代号)的味道。相比之下,中国人简直就是"小米加步枪"。

当时卡斯腾对刷新抽象图形纪录志在必得,但是他只得了 297 分排名第四,我知道我一定就是前三名了。结果第三名就是我,虽然获奖了,但没有破纪录,既激动又失落。但我还是跟文魁来了一个深深的拥抱,第一枚奖牌确实值得纪念。最终王峰 360 分破纪录排名第二,马劳 365 分排名第一。颁奖时还有一件趣事,王峰发表获奖感言时,卡斯腾代表德国上台说:"我们德国队明年一定会卷土重来!"不过后来,他再也没有出现在赛场!

小白: 那你见到英国的 Big Ben 了吗?超呆萌的大叔。

李威: 当然,他可是上两届的总冠军,虽然只有三十多岁,却"聪明绝顶",还有一大把胡子,让人感觉是有五十多岁了,中国选手都称他为"老本"。

当年NHK电视台分别去英国、德国还有中国拍摄夺冠热门人选老本、马劳和王峰，拍摄了《突破大脑极限》的纪录片。片子里说他是一个资深动漫迷，家里摆满了各种各样的动画，他的目标就是把全世界最好看的动画都看完。我发现他不修边幅，T恤腋下有个大洞，袜子经常是一样一只，很像爱因斯坦那样的天才人物。他在记忆的时候特别有趣，脑袋像钟摆一样左右摇摆，非常好玩。

2010年世界脑力锦标赛李威与3届冠军老本合影

文魁：老本确实特别好玩。2008年我去中东巴林参赛时就坐在他后面，我就想象着在后面吸他的灵气。在快速记忆扑克项目时，老本把牌每两张拿起来，在空中转一圈后，"啪"地放在桌子上，对我的干扰极大，而且他比我记得快很多，所以我只好离他越远越好，重新换了一个安静的位置静心比赛，62 秒把一副扑克记对了！

去年世界脑力锦标赛我担任国际一级记忆裁判，发现高手们都有自己的记忆习惯，马劳和西蒙都是在小鸡啄米式的点头，这是在保持一定的记忆节奏感。

李威：2015 年老本有去成都的世界赛吗？

文魁：没有，自从 2010 年他败给王峰和马劳，就再也没有重回总冠军宝座，他半小时记忆 4140 个二进制的纪录，被瑞典的马文一下刷新到 5040 个，1 小时记忆 28 副扑克的纪录，居然被三个人同时打破了，中国选手石彬彬创造的新纪录是 31 副，估计老本要哭了！

李威：长江后浪推前浪，前浪死在沙滩上。老本在第三季《最强大脑》也输给你的学生苏清波了。

在老本之前的英国冠军安迪·贝尔，曾经还是我很欣赏的偶像，他获得过 3 次世界脑力锦标赛总冠军，当时在 BBC 专题片里看到他 20 分钟记住了 10 副扑克，觉得真的是太神了，遇到他时我还专门找他合影了。

后来我问他为什么退隐多年又重出江湖，他说是为了巨额的奖金，我瞬间有一点点失望。最终他一分钱奖金也没有拿到，我排名世界第九还获得两块铜牌和"世界记忆大师"称号，拿到 4000 元美金。

小白：李威老师第一次参赛就获得了世界第九名呀，那有没有想过一直比下去直到拿到世界冠军呢？

李威：当年还是想争世界冠军的，但我时间上不允许，所以 2011 年纠结了很久，比赛前一个月才报名，其实就是想去弥补一下遗憾。我当时每天抽出3个小时来训练，并且坚持跑步来补充体力，没想到比赛前不仅达到了之前的巅峰状态，有一些项目还有一些超越，我就想能否实现下一个心愿：为中国夺得第一个国家团队冠军。

小白： 是和奥运会一样按照金牌数量来算的吗？

李威： 不是，世界脑力锦标赛是按照各个国家的总分排名的前三名的成绩总和来计算的。2010年世界脑力锦标赛中国获得的奖牌数虽多于德国，但还是团体亚军。我要有资格代表中国，必须跻身中国前三。那次比赛部分国外顶尖高手没有报名，最终王峰、刘苏和我包揽了冠亚季军，中国20年来第一次获得了国家团队冠军。

2011年世界脑力锦标赛国家团队冠军

当时在武汉训练出来的选手有 16 位获得了"世界记忆大师"称号，包括后来参加《最强大脑》的袁梦、胡小玲、孙小辉、杨冠新、胡庆文等，算是在中国脑力界"中部崛起"了，文魁作为总教练也是功不可没！

文魁： 其实我也没有做什么，关键还是大家有梦想并且享受训练的乐趣。这里面最让我感动的就是胡小玲那种"不抛弃不放弃"的执着精神。王峰成为"世界记忆大师"花了 3 个多月，你也是初次参赛就拿到大师称号，她却花了 3 年多时间。

李威： 小玲确实非常不容易，当时辞职训练，生活费都没有着落，我们私下有很多的沟通交流。我觉得她是一个相信"生活除了苟且，还有诗和远方"的人，我相信她执着追梦的精神会让她的人生更加精彩！

小白： 哇！好想听听小玲姐的故事。

文魁： 胡小玲在湖北恩施的小山村长大，她一直都很自卑，不愿意和别人说话，总是活在自己的世界里。2007 年 9 月成为武汉大学记忆协会第一批会员。2008 年 8 月去广州和我一起训练，但因为心理素质不好没有入围世界赛。2009 年她和王峰一起在中国赛获得"中国记忆大师"称号，结果因为去伦敦比赛要 2 万块钱费用，于是忍痛放弃了比赛。

2010 年比赛在中国举办，小玲满心欢喜地以为一定可以成功，结果命运和她开了一个玩笑，在"马拉松数字"项目中最后以 960 个的成绩又一次与"大师梦"擦肩而过。

李威： 当时我看到她第一天比完赛时，心情特别沮丧，还跑过去安慰了一下她。她当时说："为什么别人那么容易成功，而我却一次次与梦想失之交臂，难道我真的命中注定成不了大师？算了，后面的干脆就不比了！"

我劝她继续比下去，如果把剩下的两项通过了，明年再来比赛时，只需要通过"马拉松数字"就可以了。最后她还是坚持把比赛比到了最后，总分排名世界第 12 名，在马劳、西蒙、老本等众多高手都参与的比赛中，这个成绩应该算是挺棒的！

文魁：是非常不错的，我当时也只排第 11 名呢。2011 年，她依然顶住压力辞职去备战比赛。当成绩公布时，我第一时间跑过去看，看到她 1 小时记对 1366 个数字时，我兴奋地告诉她："过了！恭喜你！"那时，我开心得就像自己拿到了冠军一样！

对小玲而言，她曾经说过，她收获的不仅仅是一纸证书，更是 6 次追梦成就的更加坚强、自信、感恩的自己，这些对于她将是享用一生的财富。当然，记忆也改变了她的人生，小玲在 2013 年鼓起勇气考研，3 个月考上了华中师范大学，还在火车上遇到了另一半。在老公的鼓励之下，她参与了第一季《最强大脑》，让更多人知道了这个执着勇敢的"汉字记忆女英雄"，我相信她未来也会绽放更多光芒。

李威：每一个追梦的人都很不容易，这是一条很少人走的路，一路上有很多的质疑和误解。我之前在你的俱乐部群里听到林雯改编的《忆梦》，真的是唱出了我们的心声。

文魁：我听完也是很多次落泪，她本来训练成绩还不错的，但是家里人不支持她比赛，觉得女孩子就应该找一份稳定的工作，所以她把温岚的《忍不住原谅》改编并且上传到了唱吧。

忆梦

冥冥之中自有方向

从此步入记忆殿堂

我守望儿时梦想

因为不放弃而坚强

数字千行荏苒时光

曾有多少失真遗忘

在这里告别过往

心会有起伏学飞翔

记忆做梦想 要超出想象

跳出这现世 能把未来冥想

创造是最强的渴望

是不会放弃的力量

记忆做梦想 我感恩一场

灵感在碰撞 激荡我的胸膛

誓言说出 若不铿锵

就不值得回响

冥冥之中自有方向

从此步入记忆殿堂

我挥舞七色魔杖

徜徉于故事中欢畅

秒表记录慢慢变化

编码哎哟怎又换样

虽然这都是想象

思维会开拓再成长

记忆做梦想　要超出想象

跳出这现世　能把未来冥想

创造是最强的渴望

是不会放弃的力量

记忆做梦想　我感恩一场

灵感在碰撞　激荡我的胸膛

誓言说出　若不铿锵

就不值得回响

在别人眼里的傻

是多勇敢的梦啊

李威："在别人眼里的傻，是多勇敢的梦啊"，能够在脑力竞技领域成为世界顶尖选手，这样的体验估计这辈子都只有一次。曾经的傻傻坚持，一切都是值得的。比完赛后我松了一口气,终于放下了一件事。

回去后,我开始思考:"我们在脑力竞技中的记忆方法跟实际生活中有什么不一样呢?"其实要参加记忆比赛,在掌握记忆方法的基础上付出努力,成为"世界记忆大师"并不难,特别是对擅长考试的中国人而言。在2009年之前,中国只有10名"世界记忆大师";2010年通过比赛中国人新增24名,2011年新增35名;目前中国有194个"世界记忆大师",是其他所有国家总和加起来的2倍。

竞技和实用可以互相促进,但还是有区别的。在很多人的想象中,记忆大师可以看一遍书就过目不忘,不管什么信息都可以记得住。当时我工作的部门只要有任何知识竞赛都推荐我参加,因为他们觉得我参加就一定能拿到第一名。如果我没有拿奖,估计他们会在背后质疑:"世界记忆大师怎么连普通人都比不过?"所以为此我得花很多功夫,最终也确实都拿到了第一名。身经百战后再去《最强大脑》,心态就变得相对淡定从容了。

那时也有很多机构邀请我去做记忆培训,但是我都拒绝了,因为我觉得自己在记忆教学方面的积淀还不够,对记忆培训市场的现状也不认同。我觉得"世界记忆大师"这个称号并不会马上改变你的人生,真正能够改变你的,还需要你的学识、能力和资源的积累,厚积才能薄发。在很多记忆大师都选择做培训时,我选择了回归。

因为长期的记忆训练让我原来的一些爱好,比如说打乒乓球、游泳、读书,还有一些朋友间的社交都中断了,我需要回到平常人的生活中。

我有一个从大学开始就一直在热恋中的女朋友，她虽然很支持我比赛，但有时候也很无奈。我们到了要修成正果的年纪，所以我选择了回归家庭，给我所爱的人幸福的生活。当然，我的本职工作也得好好做，我将记忆法运用在工作生活中，成了单位里的"效率王"。

每个阶段都有这个阶段该去做的事，关于记忆比赛的那一页我已经把它翻过去，开始回归平淡而真实的生活。

我今天下午的航班回深圳，还有一些故事可能需要电话沟通，或者是下次约在哪里见一面再聊了。

文魁： 我去大亚湾找你吧，看看你工作和训练的地方。

与袁文魁老师互动，可以分别扫描添加新浪微博和微信公众号。

第三章
职场逆袭"记"压群雄

Super Brain
最 强 大 脑

2016年3月24日晚，我抵达深圳大亚湾核电站时，李威正在和同事们吃告别饭。他即将离开工作了几年的地方，调到中广核在市区的总部。当晚他请朋友开车送我到酒店，我们一起畅聊到12点钟。

第二天他办理完一些交接手续，中午带我一起在食堂就餐，我们去的食堂里排着一条长龙，很多同事看到他都会投来目光，还有人在议论："看，那是最强大脑李威！""李威现在都不用工作了吧！""李威真是太牛了，我们中广核还有这样的人才！"

排在后面的一位年长者拉着李威说："《最强大脑》我每期都带着孩子看，你的记忆力真是太好啦！你下期节目什么时候播啊？"

李威说："我的节目已经都播完了，和马劳对战就是最后一期！"

年长者说："我回去好好看看，你现在是中广核的大名人了啊！"

吃饭时巧遇李威以前的同事，同事说："以前李威的工作其实用到超强记忆力的不多，我感觉是屈才了，现在《最强大脑》节目让李威火了，被我们集团的领导盯上了，调到总部去上班，这是一个很大的逆袭啊！我真心为李威感到高兴，多少人一辈子都待在一个岗位，想要到总部那是难上加难,我相信他接下来前途一片光明!"

李威在中广核食堂排队就餐

我问:"那你们当初是什么时候知道李威的记忆力很牛呢?"

同事说:"当时他获得'世界记忆大师'之后,报纸上说他把大亚湾上千辆车的车牌号全记住了,这事在中广核一下子无人不知,无人不晓,这样的记忆力怎么了得!"

吃完饭,李威开车带我参观了大亚湾核电站,他工作的地方就是一个"面朝大海,春暖花开"的地方。他一边给我讲解一边还原了当年的一些场景,比如记忆车牌号,工作时记忆流水号等,过去通过媒体报道想象出来的画面,此时变得真实而具体。

看到李威站在大亚湾观景台孤独的身影，我不禁想起了周星驰执导的《美人鱼》中的主题曲："无敌是多么多么寂寞，无敌是多么多么空虚。独自在顶峰中，冷风不断地吹过。"

李威在大亚湾观景台

第一节　入职中广核的秘密武器

李威： 转眼在大亚湾核电站待了快 7 年了，要离开还真有点舍不得，这里就像一个世外桃源一样，很多大学生一毕业就进来，过着非常简单纯粹的生活，也是因为有这样的环境我才能安心学习提高自己。

我在中广核主要从事技术管理工作，有两项工作要做：一是技术性文件的质量审核，再就是协调把设备逐步交给投资方。这家央企是中国最大的核电运营商，也是全世界最大的核电工程承包商。核电是一个复杂工程，要记的东西特别多，记错了后果很严重。

文魁： 媒体报道你入职时就背下了"核电系统三字经"，这是什么东西？像"人之初，性本善"那样的歌诀？

核电三字经（节选）

系统编号	系统名称
A	给水供应
ABP	低压给水加热器系统
ACW	化水一段
ACY	化水二段
ADG	给水除气氧系统
ADM	行政隔离
ADO	运行隔离
ADS	核辅助配电
ADT	大修主隔离
ADX	小修主隔离
AGM	电动主给水泵润滑系统
AGR	主给水泵汽机润滑油及调节系统
AHP	高压给水加热器系统
APA	电动主给水泵系统
APG	蒸汽发生器连续排污系统
ARE	给水流量控制系统
ASG	辅助给水系统
ATB	调试边界
ATE	凝结水精处理系统
ATT	1/2号机隔离边界
C	凝汽器（冷凝、真空、循环水）
CAR	汽机排气口喷淋系统
CET	汽机轴封系统
CEX	凝结水抽取系统
CFM	凝汽器精滤器系统
CGR	循环水泵润滑系统
CPA	阴极保护系统
CRF	循环水系统
CTA	凝汽器管清洗系统
CTE	循环水处理系统
CVI	凝汽器抽真空系统
CZZ	安全壳完整性
D	**通信、装卸设备、通风**
DAA	放射性机修厂和仓库电梯
DAB	办公楼电梯
DAI	核岛厂房电梯
DAL	电气厂房电梯
DAM	汽机厂房电梯
DCS	常规岛控制系统
DEB	办公楼冷冻水系统
DEG	核岛冷冻水系统
DEL	电气厂房冷冻水系统
DEM	放射性洗衣房冷冻水系统
DMA	BOP装卸运输设备系统
DME	开关站装卸运输设备系统
DMH	BOP厂房和厂区里的其他起重吊装设备
DMI	桶罐储存场装卸运输设备
DMK	燃料厂房装卸运输设备

李威： 这是我入职第一天师傅布置的任务，核电站里把能够实现独立功能的单元命名为某个系统。每个系统用三个字母来代表，比如APG

代表蒸汽发生器连续排污系统，ASG 代表辅助给水系统。这些字母并不是英文缩写，而是来自于法文，所以字母和意思之间完全没有意义，要死记硬背下来就非常容易混淆。除了长期在核电站一线运营的工作人员，极少有人能够把数百个系统完整背下来。对我而言，就是小菜一碟了，用配对联想法就可以了。

第一步我先去观察找到规律，发现第一个字母跟系统的属性有关系，比如 A 是给水供应系统，C 代表着凝汽器，D 是与通信相关的系统。这个时候只需要把字母编码和对应的系统联想即可，比如 A 联想到 apple 苹果，苹果打成汁就是给水嘛，C 联想到 car，小汽车，结合"凝汽器"可以想到是一个凝结成冰的小汽车，D 通过拼音想到电话，电话不就是通信设备吗？

文魁： 你联想得很灵活，如果按你说的这样，可以结合地点定桩法来记忆，A 开头都放在一个记忆宫殿，只需要后面的两个字母和文字联想放在地点上即可。APG 蒸汽发生器连续排污系统，PG 通过拼音首字母可以联想到"屁股"，蒸汽发生器长着一个屁股来连续排污。ASG 辅助给水系统，SG 想成是"帅哥"，帅哥过来帮忙辅助端茶倒水。你是不是这样记的？

李威： 这样对于学过记忆法的人是挺好的，但是初学者要掌握大量的地点就有点难度。我当时用了两天时间就全部背熟了，同一批进公司的同事都花了两个星期以上，而且还在考核时频频出错，后来我就编写了《核电系统三字经记忆教材》，分享给同时入职的同事参考。

通过观察发现，里面有些就是英语单词，比如"SEA"代表生水系统，sea 是海洋的意思，从海洋里电解产生水。有些本身就是拼音的，就可以直接想到形象，像"DAI"是代表着"核岛厂房电梯"，"DAI"可以想到"带"，进而联想到"海带"，海带把核岛厂房的电梯给缠住了，升降不得。还有"DSU"可以联想到大叔，它代表着"安全照明整流器和蓄电池系统"，联想到一个韩国大叔打开照明的手电筒，让电流全部流向蓄电池里。

文魁：你这些编出来还真是造福后人，要是死记硬背，真的是背到头都炸了都难以背出来，而且很容易就忘掉了！你把这"三字经"都搞定了，记忆车牌号也就是小菜一碟了，当时为啥要把大亚湾的上千辆车都记下来？冲击吉尼斯纪录？

李威在记忆车牌号

李威：只是我的一大业余爱好啦！当时是在备战比赛期间，我在走路去训练地点的两公里路程中，就会顺便把沿路所有的车牌号全部记下来，后来只要是看到一个车牌号，我就知道之前有没有记过，大概什么时候见过，挺好玩的。

文魁：其实会记车牌号还是挺有必要的，比如出现了交通逃逸事件，很多人没有记住车牌号就无法追踪，还有乘坐出租车时，如果手机或者行李落在了车上，又没有找师傅打印小票，可能要找到那辆车就是难上加难。我去年就疏忽了一次，我和别人拼车时把苹果手机给弄丢了，以后痛定思痛，上车养成习惯记忆车牌号。开车时，我也会瞟一眼前面的车牌号，瞬间想到方法来记忆，还挺好玩的。

给你几个车牌号，你分享一下你的记忆方法吧。粤B·8KJ65，浙D·LP205，鄂A·B314V。

李威："粤"一般我编码成月亮，B8可以谐音为爸爸，KJ是铠甲的拼音缩写，65的数字编码是尿壶，月光下爸爸穿着一身铠甲去厕所里倒尿壶，挺搞笑的一个画面！

浙D·LP205，前面可以谐音成"朕的老婆"，205谐音成"爱你哦"，有时候我也会直接全部用谐音。鄂A·B314V，"鄂"我编码成了鳄鱼，AB可以想到演员Angela baby，314可以谐音编码为"摄影师"，V很容易想到剪刀手，这个车牌就可以想成骑在鳄鱼身上的Angela baby，对着御用摄影师摆出了卖萌的剪刀手造型。

文魁：你当时记忆时应该深圳的车牌号粤B特别多吧，这样记忆量就会相对少一些，应该广东省的其他城市也比较多，把第一个字母对应的城市记住了，也会比较容易！

李威：是的，比如C是珠海市，C可以想到海湾的形状，浪珠打到了海湾的上面，D是汕头市，D想到敌人，敌人占据了山头。熟悉了这些之后，后面的记忆就相对容易多了！

文魁： 除这些之外，你还在哪些地方用了记忆法？

李威： 当时的入职考试，我也是用记忆法来备考的呀，比如核电工程项目管理讲六大控制：安全、进度、投资、技术、质量和环境，要去记这些抽象的东西还是挺费劲的。我当时运用字头歌诀法把它记下来，挑取每一个词的第一个字，变成"安进投技质环"，谐音变成"安静投机指环"，想象你正在安静地把原料投到机器里，生产着《指环王》里的指环，这样就把它记下来了。

第二节　好员工巧记企业文化

记忆大师带您学文化共识
中广核企业文化共识框架——中广核员工的回家之旅

文魁：咦！这个漫画挺有创意的！"记忆大师带您学文化共识"，这个应该是你做的吧？

李威：是的，这是我们公司的企业文化宣传。我觉得牢记企业文化是员工的本分，不过作为有多年积淀的央企，中广核企业文化的要点还真不少。单位为了让大家更轻松地记住，就让我编写了一些记忆的方法，他们请人把它绘制成了漫画，很多同事都背会了。

下面这个图展示了我们中广核的企业文化：

中广核企业文化

一般人要记住它有两个难点：一是记住企业文化的 6 个部分分别是什么，二是对应的内容比较多而且很抽象时，该如何准确进行记忆，比如基本价值取向、中广核人四条、管理人员四条等。

文魁：是的，一般创业公司都会搞一大堆企业文化，违背了"魔力之七"的法则，而且用词都比较抽象，创始人自己都记不住，更别谈要去落实这些文化。这时候记忆法就有用武之地了！

李威：是的，我当时灵活使用了地点定桩法和绘图记忆法，将企业文化共识的 6 点内容想成一段员工的回家之旅，利用 6 个场景来进行定桩记忆，参见 116 页图。

汽车进站：车是中广核的电动汽车，上面印有公司的 LOGO 和口号：善用自然的能量。

员工排队上车：上车排队是一个文明人的基本"行为规范"。

离开核电厂房：厂房是创造"价值"的地方，标语牌上印有公司的"价值观"，"一次把事情做好"才可以放心离开。

司机开车：开车要遵循"基本原则"，安全开车并不断追求卓越地提升车技，才能让所有员工安全到家。

路上远远看到集团总部大楼：集团总部大楼是远处景观，由"远景"想到"愿景"。

员工到家，到"市民中心"放松。由"市民中心"想到市民，由市民想到我们的"使命"是"发展清洁能源，造福人类社会"。

文魁：很有创意哦！你记住价值观和行为规范里的词语又是采用怎样的方式？

李威："基本价值取向"的 5 个词语：责任担当、严谨务实、创新进取、客户导向、价值创造。我把它们串联起来变成一个故事：年近五十（"严谨务实"的谐音）的我责任是创新客户价值。

"中广核人四条"的内容是：诚信透明、专业规范、有效执行、团队协作。我当时自己记忆时使用的是"标题定桩法"，直接挑选"中广核人"这四个字。

诚信透明

专业规范

有效执行

团队协作

中广核人四条　庄晓娟绘

"中"联想到"中国国旗",然后与"诚信透明"联想,可以想到中国国旗上写着"诚信"两个字,而且几乎是透明的。

"广"联想到"广播",与"专业规范"对应,可以想到广播里面的主持人很专业规范。

"核"联想到"核弹",与"有效执行"对应,可以想成核弹发射任务必须被有效执行,否则会很危险。

"人"已经比较形象了,可以想成人与人之间"团队协作"。

后来为了和企业的特点相结合,在帮公司设计培训材料时我选用了"身体定桩法"。按照顺时针方向选择身体部位依次是:头部、左肩部、腿部和右手。

员工头部戴着透明的安全帽，对应"诚信透明"。

左肩部背工具包，穿戴"专业规范"，对应"专业规范"。

腿部按照指定的路线有效地直行，对应"有效执行"。

右手握拳，和同事很团结，一起攻坚克难，对应"团结协作"。

在记忆"管理人员四条"时我选用了"人物定桩法"。腾讯的马化腾对应第一条和第二条，阿里巴巴的马云对应第三条和第四条。马化腾是互联网界出名的帅哥，由"帅"联想到第一条"率先垂范"。腾讯的产品QQ、微信等是中国用户量最多的软件，每年营业额也不断提升，由此联想到第二条"善于经营"。阿里巴巴集团每年的双十一活动都给加班员工做好后勤支持工作，由此联想到第三条"关爱员工"。另外马云非常重视廉洁工作，之前还因开除"作弊"抢月饼的程序员而得到赞扬，由此联想到第四条"公正廉洁"。

文魁： 掌握了记忆法，记忆这些也还是相对容易一些的，不过如果是作为创业者，真正想要让团队和客户记住企业文化，还是得在设计时就使用"提升记忆力的七种武器"：简单、独特、联结、逻辑、故事、感官、形象，这些是我借鉴了《让创意更有黏性》这本书中的六条路径改造的。

比如你想一个名字或者口号，就尽量简洁一些，不多于三点，而且要形象生动，可以产生画面感，如果能够与引起共鸣的故事产生联想，那就更棒了。我在上课时会让学生分组，然后每组取一个组名和口号，我至今印象最深的是，有一个团队叫"一盘羔羊肚"，是把五个人的名字用字头串起来了，分别是刘一思、盘光峻、高熙函、杨子悦、杜星默，他们的口号更好玩:"一盘羔羊肚,吃完打老虎。"和我们小时候的儿歌"一二三四五,上山打老虎"建立了联结,又押韵又具体形象,估计我这辈子都难忘。

李威:确实挺好玩的!我这么多年职场经验也发现了,记住别人的东西是一门技术,让别人记住你则是一门艺术。想要在职场里如鱼得水,就得让面试官记住你的自我推销,让客户能够记住你介绍的产品,让老板和同事能够记住你的提案报告,让投资人记住你的项目特色和商业模式。如果别人听完啥都记不住,你讲得再天花乱坠,其实一切都只是浮云。

文魁:是的,这是记忆法在职场更高级的应用。我这几年在探索将创意学与记忆学结合,我认为,记忆是金字塔底端最基础的输入部分,是一切创意的基础,而创意则是金字塔顶端最智慧的输出部分,会给社会创造更大的价值。

有很多人会有误解,认为练好了记忆法会影响到创造力,大学老师铁翠香曾经也担心孩子掌握记忆法后,会不会只重视知识的识记,而渐渐失去创造力。后来她陪孩子一起参与我的课程之后,她说:"好的记忆力是建立在丰富的想象力基础上的,而想象力又是创造力的基础。无论是记忆法还是思维导图,都在对我们的想象力进行着大量的刺激,明显感觉到自己和孩子的脑洞在一点点被打开。"

这也让我更加坚定要将记忆训练与创意训练齐飞!

李威:是的,今年立春你请我给你的会员答疑时,我就提出过我的观点,我觉得记忆法是一个非常科学的东西,是一个通过循序渐进训练就能提升的东西,是能让我不断挑战自己极限的东西,它除了可以提升我的记忆力和想象力之外，更是对大脑智能的综合训练。

第一是注意力。说实话，你不用任何记忆方法，只要你的注意力提高了，全心投入，科学复习，记忆效果一定很不错。

第二是观察力。学会找到单一信息独一无二的特征，以及多点信息之间的相同或不同点。

第三是分析力。对于复杂的信息需要理清逻辑关系，或者找到内部的规律，这在思维导图里面体现得更明显一些。

第四是形象思维能力，也就是左右脑的结合。我们的冥想、扑克和数字的训练不就是训练一个人的形象思维能力吗？当然，通过学习围棋、象棋、绘画、摄影等其他方式也可以训练。

第五是编码转化能力。比如将抽象的数字、字母、汉字转化成具体的形象。我们在《最强大脑》上接到陌生项目，一般都是从音、形、义等角度，通过训练之后，都可以很快找到转化的策略。

文魁：我也是非常认同的，如果把我们的大脑比作一台电脑的话，这些就是大脑的系统，具体的记忆方法是操作软件。我们的系统变得更加强大了，才能够驾驭更高难度的挑战。我们给学生的不能局限于帮他背下多少单词或者课文，而是要着眼于大脑综合素质的全面提升。所以，我更喜欢说我的行业是"大脑教育"，而不是"记忆培训"。路漫漫啊，还要和你一起深入探索！

第三节　左右逢源还得记忆超常

文魁： 李威，你们中广核有这么多同事，你每天要接触大量的人，有没有出现临时要考你记名字的事情？

李威： 当然有啊，考验无处不在。

2015 年 8 月份武汉大学金融校友会 40 多个校友到大亚湾参观，校友们分别介绍自己的姓名和毕业时间，介绍到第 15 个的时候，有人提议说："李威师弟不是最强大脑吗？我们把名字和毕业时间说一遍后，看看李威能不能说出来，好不好？我们也现场见证一下最强大脑的厉害嘛！"大家当然都起哄说："好啊！"

记忆这些只需要和长相、身份、性格等特征进行联想就好了，我记得有一个人叫苏淑蓉，谐音想到江苏淑女戴着莲花（莲花别称"水芙蓉"），正好发现她比较文静，而且衣服上有一些非常对称的花朵图案。还有一位男士叫杨鹏，个子很高，鼻子像鹏鸟一样是鹰钩鼻，所以想象从高高杨树上飞下来的鹏鸟。

文魁： 我以前也是经常被人考，特别讨厌的是在吃饭时被考。有一次大家在饭前介绍自己的名字，酒足饭饱之后，有人吆喝着："我们来考考袁大师吧！"他们还提出苛刻的要求："说错一个，罚喝一杯酒！"还好我也算是有备而来，挨个把名字都说了一遍。

李威： 名字记忆无非就那几招嘛！第一招是名字的意义，比如你的名字"文魁"就是文曲星的意思，姜兴隆这个名字，就是想要生意兴隆的意思；第二招就是谐音，比如"薛大刚"可以谐音为"削大缸"，"何芷仪"可以谐音为"盒子仪"，想到一盒子的仪器；第三招是联想熟悉的人名、地名等，"李俊成"可以想到李俊昊很成功；第四招就是扩展编成一句话或者故事喽，比如"展亚慧"想到展现亚洲人的智慧，"宋家铭"可以想到宋江在家里写座右铭；最后一招是通过增加、减少或者是倒字的方式，比如"杨颠"，可以联想到"羊癫疯（"羊痫风"的民间称谓）"，"曾庆"联想到"曾庆红"。

文魁： 确实也逃不出你说的这几招，能够初次见面就把陌生人的名字记住，就像戴尔·卡耐基所说，是"一种既简单又最重要的获取好感的方法"。武大文学院的王怀民书记，他从校宣传部刚调到文学院时，领导带着他到十几间办公室走了一圈，他就迅速把所有同事的名字全记住了，后来还能够把很多人的电话脱口而出，大家一下子都记住了这个记忆力超强的书记。

李威： 是的，当我能够走在路上叫出同事的名字时，他们往往也是非常惊喜的。我的性格不太擅长和人交往，但因为我能够记住别人的名字，就让我的人缘非常不错。

我们集团有几万名员工，我每次都会尝试记住陌生同事的名字，记得多了，自然就熟能生巧。有时候给同事打电话，我也会尝试把电话号码与人名一起来联想记住，基本上看一遍，以后再听到这个名字，就可以说出号码来！

文魁： 你和最强大脑孙小辉都成"人脑通信录"啦。他说他曾经丢过手机把号码全搞没了，以后就都凭大脑来记，上次见面还脱口而出很多记忆大师的号码来。我读大学时发生了一件很囧的事情，我换手机后一直没有存我妈的号码，每次发短信过去她也没回复，等我妈生日的时候我打过去，才发现一直联系的是别人的妈妈！里面的 24 我记成了 42，后来学了记忆法之后，想到一天 24 小时，就把 24 想象为闹钟的形象，就再也不会打错电话了。

你觉得记电话号码好记吗？有什么记忆的秘诀？

李威： 一长串电话号码不好记，是因为一般来说没有规律，但我们可以尝试找到规律：一是有整数或重复的，如 2000，8888；二是按顺序排列的，比如 3456 或 8765；三是有对称关系的，如 7081708；四是有计算关系的，比如 7749，7×7=49；五是含有熟悉的数字的，比如 520、1314 等，还有些是自己的生日、身高、纪念日等；六是比较容易谐音的：12580 一按我帮您，麦当劳的 4008-517-517，我要吃！

文魁： 是的，我自己在换号时，也会考虑这些因素，比如我现在用的号码，尾号我直接选择我老婆的生日，前面的我选择了移动的 1365 这个号，1 年 365 天，多好记，中间还有三位挑了很多都不满意，最后挑选了 983，谐音为"就傍上"，一年 365 天就傍上我老婆了，这个号码我在朋友圈里一发，很多亲戚朋友都瞬间记住了，蛮好玩的！

李威： 你这是在花式秀恩爱啊！哈哈！

文魁： 学了记忆法，我都变得浪漫了，生活也更有趣了。

我最近新招了两个助理，你帮我想想怎么记住他们的号码吧？一个女孩叫罗婷予，名字倒过来是"雨停了"，她的号码是 18827042160。

李威： 转化成编码编故事是最常规的喽，88 爸爸、27 耳机、04 小汽车、21 鳄鱼、60 榴莲，雨停了，爸爸戴上了耳机，开动了小汽车，路上遇到一只鳄鱼，就拿着榴莲去砸它。当然也可以不局限于编码，有些局部可以使用谐音，比如由爸爸后面的 27 可以想到"爱妻"，04 可以谐音为"零食"，21 可以谐音为"儿要"，雨停了，爸爸带着爱妻去买零食，儿子说要吃榴莲！

文魁： 有编码，但不受制于编码，在实用的时候灵活处理，这个确实非常好，第二个对没有学过编码的人而言，更容易记住。

我的另一个助理是"韩国广场上的军人"，叫韩广军，18603207576，这个号码似乎有一点规律。

李威： 186 这个开头好记，两个 0 中间包着 32，可以想到 6=3×2，75、76 正好是按顺序的，所以关键记住 86、32、75 这三个数字就好了，韩国广场上的军人是八路，他拿着扇儿在给穿西服的文魁扇风。

文魁： 这画面我瞬间出图了。哈哈！

李威： 如果直接全部谐音，也是挺好记的，一八路拎上耳铃去捂气流，想象的画面是八路军拎上一个巨大的挂在耳朵上的铃铛，去捂住从飞机里喷出来的强大气流，那气流把韩国广场上的军人吹倒了。

文魁： 我也比较喜欢这种纯谐音的，我两年前用的电话号码是 13971125917，13971 可以谐音成"一生就娶一"，125 谐音成"要爱我"，

917可以谐音成"就一起",我向老婆表白时,就用到了这个电话的谐音:"我一生就娶一个,你要是爱我,我们就在一起吧!"

李威: 把记忆法用成一门艺术了,你都可以去当浪漫教练了!

第四节 跟谁学?在行的人!

文魁: 我在朋友圈发了我约秋叶老师的消息时,王昱珩留言说:"约李威啊!"所以今天我就悄悄地来了,"在行"(果壳网下属的帮助个人实现经验共享的App)邀请我入驻时,发了你在"在行"的消息,才知道你已经是资深行家了!你当初是怎么想到要玩"在行"的呢?

李威: 去年深圳读书会有人邀请我去参加一个讲座,当时还有一个朋友叫萧秋水,也是秋叶老师的朋友,我关注她的微博发现她天天发"在行"的消息,我就下载来玩玩看。很多人通过这个平台约我请教,各行各业的都有,有来听最强大脑故事的,也有真心想来学习的。我印象比较深的,有问我怎么背《论语》《易经》的,还有怎么背法律知识、葡萄酒产地信息,还有房产中介问我怎么记住房源。

文魁: 房地产中介当时提的具体问题是什么?

李威: 她说她有一个困惑,她管一个片区,每天都要接触大量的房源,在哪个小区,有多大的面积,装修的情况怎样,卖多少价钱,户型和楼层的情况怎样。要记住的东西太多,很容易混淆。

文魁: 说实话,这些东西房产中介记起来确实也挺不容易的。在

2011年就有人求助我,当时我让记忆大师周强写了一篇文章,正好和你说的是一个问题,我搜一下文章,你结合你的想法来分析一下!

一般来说,这些中介都会去看房子,这样在哪个小区、装修的情况应该很容易就记住了,关键是还有很多信息,让他们很头大!

小区	面积	价格	户型	楼层	房龄	装修
长营村小区	89平方米	115万元	二室二厅	3楼/5楼	1998年	精装修
长营村小区	103平方米	135万元	三室二厅	4楼/7楼	1999年	简单装修
长营村小区	61平方米	85万元	二室一厅	7楼/7楼	1997年	精装修
兰亭小区	85平方米	130万元	二室二厅	1楼/7楼	2004年	简单装修
华电一宿舍	65.4平方米	69.5万元	二室一厅	2楼/5楼	1992年	精装修

李威:是的,关键是房子面积、房价、户型、几楼的第几层以及房龄,这些不就是一些数字吗?而且我们记忆的是房子信息,房子不正好是可以作为记忆宫殿吗?中介一般会给房子拍照挂在网上,在房子里找几个独一无二的东西,比如电视背景墙、书架等,把最有特征的几个地方拍下来,把要记的数字分别和地点联想就可以了。

文魁:我找了一张客厅的图片,就以长营村小区89平方米的这套为例,你来讲讲吧,面积是89平方米,价格是115万元,二室二厅,是5层楼房的第三层,1998年建的。

李威:我们就按顺序挑选5个地点吧:绿树、电视机、电视柜、椅子、茶几,记忆的时候也按照顺序,面积是89平方米,编码是芭蕉,可以想象树上长满了芭蕉,价格115万元可以编码成摇摇舞,想象电视上面有一个跳舞的人在摇摆自己的身体,二室二厅想成数字22,编码是一对双胞胎，她们两个在电视柜里翻找东西。楼层 3 层 /5 层，也可以变成数字 35，山上打老虎的山虎，一只山虎在撕咬着椅子，最后 1998 只需要记住 98，编码是球拍，一球拍拍下去，苹果都碎了！

文魁： 我当时还通过谐音编口诀的方式，编了一个：苍蝇（长营村）抱脚（89）摇摇舞（115），遇到饿饿（22）的山虎（35），洪水（1998）冲来精卫修（精装修）。其实对于系统掌握记忆法的人而言，要记住这些并不是很难，但初学者可能会觉得有一点点复杂。

我的学生韩博前几天给我一个图书策划，里面就专门提到了要针对房产中介写一本书。他发现中国有上百万房产经纪人，一个优秀的房产经纪人至少要记忆上百套房源，一般人要记住这些得几个月时间，如果有针对性地写一本针对房产经纪人提升记忆力的书籍，说不定在这个细分领域会有很大的反响。

李威： 我认为记忆法的未来，一定不是只泛泛的讲方法，而是能够和各个领域结合，深耕细作，"记忆＋"这个概念在几年内会成为圈子里的共识。比如你是"记忆＋竞技"做得最专业的，"记忆＋文科"也是你擅长的；胡小玲学习小学教育专业，未来可能在小学生记忆领域有一套新体系；王晓璐在武大是学法律的，"记忆＋司法考试"也是很大的市场。谁能够沉得下心来与自己的专业和特长结合，慢慢去打磨出一套独家的体系，谁才有可能在未来的脑力界立足。

现在《最强大脑》这么火，很多人记忆法学了点皮毛就敢出来教，自己都没有弄明白是怎么回事，这不是真正的教育者心态，很难长久下去。

文魁： 其实他们也没有想过长久，捞一点钱就走。现在行业里有很多人都是在裸泳，等退潮之后，这些人自然会露出水面。大乱必大治，我觉得大脑教育行业在三五年内会有一个大洗牌，想生存下来必须要创新，会有很多细分领域的专家出来，也会有很多有趣的新玩法。

我把 2016 年定义成"脑力觉醒之年"，不论是"在行"的一对一面谈咨询，还是"跟谁学"网站的在线教育，或者是千聊、花椒、映客等直播系统，我们都需要跟得上时代去探索新的形式。

最近炒得很火的 VR（Virtual Reality，虚拟现实）技术，美国已经开始使用在教育领域。其实这就是最符合记忆法精髓的方式，比如学地理，过去我们是拿着课本看着生硬的文字，现在戴上了 VR 设备就可以身临其境地去旅游，自然很容易就将知识记住了。

现在我给学生上网络课时，是看不到所有学生的，我总感觉是我对着电脑来讲，未来会像《特工学院》里一样，全球的人都可以瞬间感觉在一个教室里学习，互动性更强，这是一场巨大的学习革命，也许哪一天，连学校都没有了，都在家里上学。未来在变，我们也要变！

李威：是的，变的是形式，不变的还是内核，修炼好基本功才是最重要的。之前在粉丝们的强烈呼吁和你的建议下，我在"跟谁学"网站上讲过一次"破解快速记忆之谜"，有1824人同时在线听我分享，我觉得这种形式一定是未来的趋势。

记忆训练在我看来，还并不成体系。周强做的"记忆九段评级系统"，算是一个有益的尝试。如果我们能把记忆法变得更容易上手，让每个人都可以轻松掌握，这个意义还是挺大的。我现在就在利用空余时间，通过"在行""跟谁学""分答"以及一些演讲和沙龙，来了解中小学生的困惑和痛点，建立一套比较科学的课程体系，然后慢慢在教学中完善，这是一件非常有意义的事情。

文魁：你在《最强大脑》正火的时候，面临的诱惑也一定很多，能够沉得下心，决定慢慢来，确实也非常不容易。人生是一场马拉松，而不是短跑。我一直把自己定义为"潜龙勿用"的阶段。2008年获得"世界记忆大师"称号后在湖北确实火了一阵，但我又没有写书，又不会演讲，没有一点商业头脑，所以那时的名气都无法落地。很多粉丝想要找我学习，我也没有办法去帮助他们，只能推荐一些资料。《最强大脑》其实炒火了很多人，但大多数人都没有准备好，最终只会是昙花一现而已。

李威： 是的！名气这东西吧，啥都不是，大明星都会过气，何况我们这些平民百姓呢？不过你现在有一定的积累了，为什么不去《最强大脑》挑战一下呢？我看你的粉丝也是呼声挺高的！

文魁： 还不是因为你们太厉害了么？世界记忆总冠军马劳、老本都被你们干掉了，我去了不就是打打酱油么！我还是专心写作和教学，当好最强大脑的教练吧！

请扫二维码与李威互动

"在行"上学员对李威的评价

 飞林沙 2015-10-11

如何评价一次好的约见，就是见了一次还想再约一次，李威老师是我视野范围内少数这样的人，也是少数让如此骄傲的我都会无比佩服的人。在一个多小时的时间里，帮我迅速地分析整理了整个记忆的体系脉络，也用一些简单的案例给我做了实战操练，让我发现原来我也可以做到一些看上去复杂的记忆，对这个神秘的领域有了更大的兴趣。最后，能和这样一位超级天才面对面喝杯咖啡聊聊人生，我想对于大部分人来说都是种奇妙的经历和体验吧。

参与话题：最强大脑队长教你提升脑力和记忆力

最强大脑李威 金牌教练袁文魁
教你轻松学习记忆法

 杨桂荣 2016-01-08

收获颇丰、脑洞大开的一次谈话！李老师非常阳光开朗，一点架子都没有，十足邻家男孩的感觉，但说起记忆方法则头头是道，理论与实践齐飞，幽默共诙谐一色！除了前面几位学员提到的内容以外，我还特意带了一本《易经》到现场，李老师马上指导活学活用，四两拨千斤，用排序、联想等方法把晦涩难懂的古籍都轻易背下来。听君一席话，胜读十年书，感谢李老师，感谢在行，相逢恨晚！

参与话题：最强大脑队长教你提升脑力和记忆力

 This is 老许 2016-01-30

李威老师非常耐心，对我的疑问都进行了对应解答，对我之前的一些记忆方法提出优化建议。聊起记忆技巧侃侃而谈，随手拿起小票或者杂志就能举例说明。 认识你很开心，有很多共同话题。谢谢你请的咖啡，祝更好！

参与话题：最强大脑队长教你提升脑力和记忆力

 pepajump 2016-02-29

不愧是记忆大师，李威有一整套记忆术的方法，只要掌握了就可以很快进步。在我们短短一个多小时的交流里，在李威的帮助下我使用专门的方法记下的那一首诗、一组人名、星座顺序等等，过了三天都还牢牢记在脑子里。原来记忆方法并不是指提高自然的记忆力，而是提高一个人的观察能力、分析能力、联想能力。所以，对于新手来说，其实在记东西的时候需要先花很多时间，使用特定方法去观察分析联想，所以"记住"的过程并不会变得更快，但是一旦记住，事后就很容易重新回想起来，只要按时做几次复习，就很难忘掉了。我还会继续练习的~ 谢谢李威！

参与话题：此程：最强大脑队长教你提升记忆力

lj603157 2016-03-12

李威老师有特别用心的准备交流资料，对潜在的交流对象有充分的预估，坦诚而直率，深入而浅出，你不用担心冷场，因为他既注重记忆技巧逻辑层面的依序把握，也擅长展示基于地域文化上的右脑开发，你是理性派或者感性派都没问题，因为他是左右脑平衡开发派！他没有距离，会从交流对象熟悉场景进行话题切入，游刃有余，收放自如，干货十足，大师之风！短短的一个半小时，就记忆力方法的展示和交流，只能说意犹未尽。虽意犹未尽，我却受益匪浅。李老师在课件外还额外赠送了记忆提升秘籍。谢谢！

参与话题：最强大脑队长教你提升脑力和记忆力

 末末酱 2016-03-20

两大收获：一是推开记忆提升的门，二是感受到一种泰而不骄的个人魅力——老师谈话中表现出大写的专业、诚恳、敏捷和严谨，像师长，也像是朋友间的对谈。看《最强大脑》时叹服于那些"变态"的题目，今天得到李老师的谜之解答，大大满足了我的好奇心，非常有趣，希望再约！

第四章
最强大脑"忆"鸣惊人

Super Brain
最 强 大 脑

第一节　错过第一季《最强大脑》

李威：《最强大脑》节目组应该很早就找过你吧？

文魁： 对！2013年的7月份，他们就来武汉找我，不过那时我正在调养身体，而且当时我并不看好这个节目，虽然我在2011年就曾经设想过，要是有类似《超级女声》的记忆大师真人秀多好啊，但是《最强大脑》要找到各种不同领域的脑力高手，还真是件很艰难的事情，我估计也很难做到下一季。我当时就推荐了胡小玲、饶舜涵等选手，同时也帮助他们想了一些挑战项目，后来就没有再想这事了。

李威： 对，我当时也不看好。当时记忆大师QQ群里出现了一个消息，说江苏卫视要办一档脑力类真人秀节目，我当时的第一反应是：这个会不会是骗人的？因为国内唱歌、跳舞类选秀节目很多，但是比拼记忆力、计算力的脑力节目还真没有听说过，而且比拼记忆力也没太高的观赏性啊。于是，我也就没有当一回事。

2014年1月3号,《最强大脑》开播,真的是让我大开眼界。节目组以各种炫酷的形式展现了选手的超凡脑力,第一期出场的郑才千和黄华珠,都是曾经一起比赛的"世界记忆大师"。没过两天,我就收到了节目组的电话,说一个朋友推荐我去参加节目,问我有没有意向,有意向先要当面进行一个测试才能签约。

文魁: 当时好像我也推荐过你,也许其他人也推荐过。我当时看第一期节目时也是热血沸腾。其实我在家休养是因为创业不顺,给我造成了很大的打击。2013年9月可以恢复工作后,我决定放下一切荣誉在一家企业培训公司从基层做起,打电话、拜访客户、做助教、端茶倒水,我什么都做,慢慢也受到重用,准备往讲师方向发展。看到曾经熟悉的小伙伴们在《最强大脑》上的惊人表现,我又想起了曾经训练和教学的点点滴滴,最终辞职又慢慢回到了脑力界。真的要感谢《最强大脑》,让我能够重新走回属于我自己的人生道路。

李威: 原来你还有这段经历啊!难怪看你有段时间都在襄阳,很少分享和记忆法有关的东西。我其实在世界脑力锦标赛之后,基本上也与脑力界不再有关联,就想平平淡淡过好我的生活。不过,《最强大脑》似乎又点燃了我心里的一团火,似乎有一些不甘心。

我当时接到编导电话时,我们的核电机组正好是建设高峰期,我告诉他我至少要连续加两个月的班,实在没时间去面试,除非他们能等到2月份之后。2月初,两名编导飞到深圳在一家咖啡厅里对我进行测试,测试的项目有两个:第一个是听记数字,一秒钟报一个数字,看我能记多少；另一个是记一副扑克牌，看需要多长时间，正确率多少。说实话，两年多没有练习，测试成绩很一般。他们跟我聊了很多，然后就走了。我当时觉得，有一些选手常年参加比赛，可能竞技状态比我要好，更适合去《最强大脑》挑战，所以这件事我也就抛之脑后。

文魁：最初的测试还算比较简单的，他们还曾经问过我，怎么样去测试选手的记忆力，我也提供了一些想法。我 2014 年、2015 年在世界脑力锦标赛现场给他们批量输送选手时，发现测试的题目就变态很多了，想要成为《最强大脑》的难度更大了！

他们是什么时候回复你的？

李威：一个星期之后吧，他们说我通过了，问我有没有意愿参加。我说如果有合适的项目，可以考虑一下，后来就一直没有消息。4 月份你不是邀请我还有王峰、周强等人一起去韩国测试大脑吗？回国之后，编导张铭铭联系我再次面试，他是武汉大学新闻系的学长，聊了没多久就和我签了协议，说后面会有人跟我沟通这个项目。

张铭铭当时问我："你希望挑战什么样的项目？"

我说："我看你们有些项目难度并不高，选手没有展现出真实的实力就被淘汰了，我没有太多时间，所以我希望你们给最难的项目，只要你们觉得哪个记忆类项目没人敢接，我就来挑战！"

后来我的女儿优优出生了，她出现了新生儿黄疸超标症状，还有肺炎和先天性心脏病。我当时的情绪非常非常低落，很长一段时间也没有再关心节目的消息。直到后来女儿的病情基本稳定之后，才有心情去和他们沟通项目，我还是只有一个要求：只要最难的！

文魁： 够霸气！

李威： 后来，我跟编导沟通了一个想法，我希望这不只是一个挑战，更希望是送给女儿的礼物。女儿在 3 到 5 岁的时候要做心脏手术，我希望这段视频几年后能够留给她看，能够让她像爸爸一样勇敢地面对挑战！编导非常积极地配合，帮助我去寻找适合我的挑战项目。

他们当时提过很多项目，比如类似于陈智强的"星际迷航"一样的挑战，还提出如果找 100 个长得比较像的模特，通过特效化妆成《猩球崛起》里面猩猩那样的妆容，问我有没有可能把她们找出来。我当时说："这个项目的难度连'蛋叔'挑鸡蛋的难度都没有，就没有必要了吧，还不如制作一些一模一样的脸谱戴上，这个可能更具观赏性，而且变化更多。"我就是随口一说，没有想到变成了"辨变脸"的雏形。

后来编导又有了新的想法，他说第一季杨冠新挑战的"韩国小姐合成脸"非常受欢迎，节目组希望出一个升级版的挑战。当时沟通的就是类似于我和郑爱强 PK 的"碎颜修复"项目。但是想到好点子到执行出来还需要时间，因为软件图像合成还有模特联系的原因，这个项目并不能按时进行录制，所以节目组一拖再拖。后来又说我有可能要做踢馆选手，去和三个晋级选手 PK "碎颜修复"，但具体这个项目怎么操作，我一点头绪也没有，所以也无法进行准备。

所以说，《最强大脑》的录制还是波折不断的——有些选手被节目签约就到处在媒体宣传，结果可能根本没机会来现场挑战；有的选手即使有项目并且来到了现场,也有可能没有机会录制,比如"郭敬明罢录"就让后面选手准备的项目泡了汤;还有些选手录制完毕了,但最终可能不会播出,曾经有人说他上了《最强大脑》,结果同学连他的影子都没有看到,说他是骗子,这让他有理也说不清。所以,只有播出了,才算你真正上了《最强大脑》,我最终播出的第一个挑战项目,也和我之前沟通了那么长时间的项目完全不一样!

第二节 "脸谱神探"挑战"辨变脸"

李威: 2014年底,节目组说有一个新项目叫"辨变脸",很多人都不愿意尝试,我听了规则也有点憷。我需要在20分钟内记住14位川剧表演艺术家交叉表演的120张脸谱,并从300个手绘脸谱中挑选出嘉宾要求找出的脸谱。

我按照类似项目的世界纪录估算了一下,论记忆量其实跟世界纪录持平,但我们比赛都是记忆试卷上不动的信息,而这个变脸的挑战现场变化太多,难度确实非常大,我就答应要尝试一下,只有最难的项目才能够激励我的女儿。

文魁: 当时给了你训练的素材吗?

李威: 我当时也问编导有没有脸谱的样本,他们说你自己上网去搜。我就在网上找了一些川剧脸谱的照片,尝试着观察,去寻找规律和特征,然后制订了一种记忆方案。

辩变脸

在川剧脸谱中，有各种类型、人物、表情的脸谱，部分脸谱的差别非常小，而且根据挑战规则，表演者佩戴的脸谱绘制在丝绸上，手绘脸谱是在纸质面具上，存在着一定的色差和变形，这会给识别造成很大的困扰，这也要求我在设计记忆方案时有一定的容错性。我综合运用了各种记忆的技巧：

对单个脸谱的记忆，我从三个方面进行归类分析，并分别用数字来进行编号。第一个是脸谱的额头，上面没有图形的编号为0，有1个图形的编号为1，有2个图形的编号为2，依此类推。第二个是脸部的颜色，白色的编号为0，黄色系编号为1，橙色系或金色系编号为2，紫色系或粉色系编号为3，一直编到了9。第三个是根据嘴巴的形状，也从0到9进行了编号。

这三个方面组合起来就是一个三位数字，比如节目里的第一个脸谱我对应的数字是243，谐音转化成编码"二石山"，将其想象成两座山峰，然后再补充记忆脸谱上的两个突出特征，额头上的蟠桃形状和嘴巴部位淡黑色的花瓶形状。

文魁： 脸谱要记下来确实不容易，难怪没人敢接呢！

川剧脸谱

李威：其实也有部分脸谱比较特殊一点，有的像多拉A梦、蜘蛛侠、孙悟空等，可以直接记住这个形象，再记住两个细节特征就可以。记忆的方法是非常灵活的。网上有各种《最强大脑》揭秘，有些说得过去，但有些是胡说八道。真正是怎么记忆的，只有挑战者本人最清楚。有些题目需要在传统记忆方法的基础上进行创新才能解决。

练习时间:下面有 12 张脸谱,你们试一下能找出什么特征吧。

文魁:那你在记忆时是用的地点桩吗?

李威:是的,这 14 个人分别用不同的房间,每个房间里都有若干个地点,一个地点存放一个脸谱转化成的形象就可以了。难度在于,不是每个人都变完所有脸谱了再换下一个人,而是一个人变了几张就换人,所以要快速定位到不同的房间,并且迅速在地点桩上来联想记忆。

文魁:我觉得最难的在于这些人物都是动的,另外当时你女儿的状态,也会影响到你的表现吧?

李威:是的,当时录制节目前要拍摄 VCR(在这指一个视频片断),

编导希望把我女儿拍进去,我很犹豫,我不太愿意公开女儿的情况,这是心里过不去的坎。

编导说:"是说出来好,还是不说出来好,你自己来决定。如果你说出来,可能会激励到一些人,而且你也可能迈过心里的这道坎。"

我后来想到我来《最强大脑》挑战的初衷,就是要给女儿一份激励她的礼物,而且播出来对有同类问题孩子的父母也是一种激励,所以我最终选择了去面对。

李威一家人　庄晓娟绘

文魁:现场录制时有什么故事吗?

李威:当时绘制脸谱的川剧院老师,在 2015 年跨年的时候还在熬夜画,老师当时对编导钟霖说:"导演啊,你不要喊我老师,我现在是无条件在满足你提出的任何无理要求!"

其实直到录制的前一天,老师都没有绘制完脸谱,绘制好的脸谱颜色也一直在变化,正确选项和原来的脸谱存在着一定的色差,节目组也不确定能不能解决这些问题。第一次上台挑战确实有些紧张,当时注意力非常集中,整个大脑的神经都是紧绷的,直到宣布最后一个脸谱正确的时候,我才松了一口气。

李威挑战"辨变脸"

当我听到现场播放音乐的时候,想到自己要给女儿说一些鼓励的话,就自然想到了女儿经历病痛折磨的情景,眼泪就在眼眶里打转。当时中国羽毛球队总教练李永波提出要拍卖为我女儿募捐,我委婉拒绝了,因为我来的目的不是为了经济上求助,而是希望能够去激励女儿完成手术。

当时录制现场佟丽娅流了很多眼泪,整个妆容都哭花了,中途补了好几次妆,一些感性的女编导也在后台抹眼泪。

我没有想到的是,节目播出后引起了很大的反响,这也改变了我们家庭的命运。有很多的同事、老师和同学都给我打电话,一是对我的记忆力非常钦佩,二是问候我女儿的情况,给我加油打气,并且希望能够提供力所能及的帮助。

当时我有感而发,在新浪微博上发了一篇文章《写给3岁的女儿》,我希望以后女儿到3岁做手术时可以看到,没想到这封信最后的阅读量过了百万次。

写给3岁的女儿

优优,谢谢你这辈子选择做我的女儿!在你还没出生的时候,爸爸一直在想自己是否会是一个合格的父亲?能对你实现人生目标带来哪些帮助?爸爸希望你以后是一个智慧、勇敢和懂得分享的姑娘,所以给你取了现在的名字(要是不喜欢,你长大了可以自己换)。

当发现你的心脏问题后,爸爸时常自责为什么当初会让你的妈妈生病,为什么命运要在你的生命刚开始的时候就给你这样的难题。但现实就是这样,爸爸认识到自责和逃避解决不了问题,开始想为你做点事情。爸爸也不再畏惧和别人说起你的情况,因为爸爸相信你一定能好起来。优优，爸爸要谢谢你和妈妈，是你和妈妈让爸爸在家庭中成熟，担当得起父亲和丈夫的责任。

爸爸一直很内敛，似乎勇敢和乐于分享很少能表现出来，也担心能否让它们成为你的一部分，所以爸爸决定做出改变，其中之一就是参加《最强大脑》第二季。虽然爸爸也会胆怯，但想到你以后会看到这段视频就觉得一定能完成节目中的挑战。开始爸爸还在犹豫是否应该在节目中说出你的情况，想到说出来会让更多人关注到先天性心脏病患儿这一群体和这一疾病的预防，而且有可能鼓励和我们遇到同样困难的家庭，爸爸还是决定说出来。

当你能看懂这些话的时候也到了该做手术的年纪了，手术有一点疼，但之后你就可以完全摆脱现在的问题了。

爸爸妈妈一直在你身边，优优加油！

2015 年 1 月 30 日 22:19

《最强大脑》引起大家对我的关注确实超出了我的预料，当天"为李威的女儿加油"这个话题成为新浪微博话题榜第一名，"最强大脑李威"也在百度的热搜词里排了好几天。

文魁：是啊，我当时看完也流泪了呢！你确实感动和激励了不少人啊！有一条网友评论我还收藏在印象笔记里了呢，我打开你看看。

真的很喜欢《最强大脑》里的李威，他展现的不仅仅是最强的大脑，还有最深沉的父爱，这位年轻的父亲真的很了不起。

都说现在是颜值高的时代，但我觉得当一个男人有责任心，有担当，有智慧的时候，是最有魅力，也是最帅的时候。突然觉得，之前只看颜值"以貌取人"的标准，真的是太幼稚了！

当时你说女儿是3岁做手术，结果过两个月就告诉我她完成了手术，这中间又发生了什么事情呢？

李威：当时很多热心人士包括一些医生给了我很多建议，希望我女儿能够尽早接受治疗。当时我也有一些担心，因为女儿的状况变得糟糕，心跳和呼吸都越来越快，春节之前去医院检查时，医生说必须马上手术。北京安贞医院刘迎龙主任的司机非常热情地帮我联系医院安排手术。我录制完《最强大脑》美国场后，就赶紧带着女儿去北京，在刘迎龙教授亲自主刀下，优优的手术非常成功！

非常感谢在录制节目中认识的好朋友，比如"水哥"王昱珩。他是一个性情中人，也是一位非常了不起的父亲。我在北京的大半个月时间都住在他家，他每天都给我们义务当司机，接送我们去医院。他的妈妈每天给我们做饭，让我们在北京找到了家的温暖，也促进了我女儿的快速康复。她的健康比我获得任何荣誉都重要。

我觉得，决定参加《最强大脑》并且说出女儿的故事，让女儿能够过上健康快乐的生活，这一切都是上天对我最大的眷顾！

第三节　本是同根生，相煎何太急

文魁： 你的第二个挑战就是踢馆赛了吧，有没有觉得《最强大脑》这个节目非常残酷！

李威：《最强大脑》上都是一些熟面孔，看到我的朋友史俊恒、胡庆文被卢菲菲、李林沛等朋友踢馆成功，心里还是有些不舒服的。但这就是节目的残酷性。我当时突然接到一个新的挑战，要与武大师弟郑爱强PK"碎颜修复"。

碎颜修复

这个项目的规则是现场有 30 位长相和妆容特别相近的模特，用她们的脸部合成了 435 张照片，再把它们切割成眼睛、鼻子、嘴巴三部分，总共有 1305 张碎片，挑战者需要在观察完嘉宾选的两名模特后，去找出合成照片对应的眼睛、鼻子和嘴巴碎片。这个难度不亚于"辨变脸"，对于精细观察、快速记忆以及推理能力都有很高的要求。

文魁： 郑爱强挑战你，是你自己接受的吗？

李威： 原来与郑爱强挑战的选手临时提出要修改规则，节目组无法接受，就找我来"救场"。当时很多选手都劝我不要接，因为还有一周就要录制了，要准备这么难的挑战，可能会输得很惨。

我和编导说："我连续录制两周节目了，我要回家陪一下女儿。"

编导说："这个项目实在是非你不行，我们出钱请保姆帮你带孩子都可以，请你一定要接下这个挑战。"他们把话都说到这份上了，我不给面子也不好，就接下了这个挑战。

文魁： 郑爱强其实也不太想挑战你，他2014年刚刚获得"特级记忆大师"称号，那次比赛排名中国第一、世界第七。所以编导张铭铭请我帮忙安排了一次见面，后来他就半推半就地去挑战了。

李威： 郑爱强的实力还是挺强的。当时节目组希望我们在拍摄VCR时表现出针锋相对的感觉，要有浓浓的火药味。我们两个人都很反感这样，"本是同根生，相煎何太急"啊！

文魁： 是啊！你们的性格也不像是要拼得你死我活的风格。

李威： 所以搞得我们也很纠结，而且录制过程中出现了很多小问题。因为照片跟面部妆容有一些差别，只能试图去记住一些完全无法改变的特点，比如说嘴唇的形状、厚度，牙齿的形状排列，鼻孔的形状特征，眼睛的单、双眼皮，瞳孔之间的距离等等。凡是能找到的特征，我们都需要在现场记下来，即便是这样，这种识别也是非常难的。由于使用电脑软件进行合成，只能保证合成照片里的两张原始照片所占比例各为50%，但是在局部这个比例不适用。嘴唇有的厚有的薄，如果正好是一个厚嘴唇的照片和薄嘴唇的照片合成，则会出现厚嘴唇把薄嘴唇盖住的情况，这个时候厚嘴唇的信息会有90%，薄嘴唇的只有10%，所以识别起来会比较难。

难度在哪里呢？我们看看这合成的眼睛和鼻子来体验一下。眼睛部分包括眼形，古人分为丹凤眼、瑞凤眼、睡凤眼、柳叶眼、狐狸眼、眯缝眼、垂眼等上百种；眉毛也有弧形眉、水平眉、高挑眉、下斜眉、柳叶眉等各种类型。这需要非常精准的观察力，有时候连脸上的一个斑点我也不放过。

在鼻子部分，鼻子的形状（宽度、高度、鼻孔形状等）、鼻子两侧的法令纹形状（长度、角度、弯曲度、与鼻尖的距离等）、酒窝的位置等，所有这些都是我们要去观察并记忆的，挑战的难度可想而知。

现场比赛的难度还包括照片合成后存在变形、碎片可识别区域和信

息太少、碎片和三棱柱每两分钟会转动一次、选手互相交叉走动干扰等等，我当时也没有必胜的把握，最终在 25 分钟对了 3 个，郑爱强在 31 分钟对了 2 个，我只能算是险胜！

文魁： 这么变态的项目，你们能够挑战成功，已经是很厉害啦！

第四节 "世界大辞典"挑战八国语言

文魁： 你晋级后，当时和你微信交流时，你好像说下一个项目是你和林建东竞争得来的？

李威： 是内部有一个 PK 赛，我赢了。录制完《最强大脑》晋级赛后，我也落下了肋间神经痛的毛病，过春节时就在家休养。编导又给我打电话，咨询我一个项目的难度。这个项目是林建东设计的"世界大辞典"，说是给选手包括泰米尔语、阿拉伯语、波斯语、泰语、缅甸语、僧伽罗语、尼泊尔语和柬埔寨语等八种小语种的一千个单词，看需要多长的时间才能记完。我当时听到就很感兴趣，因为我觉得在《最强大脑》的舞台上，还没有一个项目跟学校的学习紧密相关。我说我愿意接受这个挑战，他说这是为林建东准备的，我也就没有多想了。

过了一段时间，编导说他们把规则升级了。这一千个词语还要切割成三到四段的词条，再混入很多的干扰项，要选手把嘉宾挑出来的词语对应的所有词条都找出来。他们在给林建东测试之后，发现效果非常不理想，希望由我来完成挑战。当时林建东坚决不同意，因为这个项目的创意是他提出的，他说自己已经做好了准备，甚至扬言说自己是中国记小语种最厉害的人，就和他在节目里说他是香港乃至中国最聪明的人一样。

文魁：真正聪明的人是不会这样高调的！

李威：呵呵。其实我也不想和他争，我对这个项目感兴趣，除了因为与学习相关以外，还因为自己曾经因为记不住英语单词才学习记忆法的，后来确实几天就把四级单词书记完了。如果能挑战这个世界上最难的外文词汇记忆项目，也算是对自己"初心"的致敬了。

文魁：要不你先举两三个你背单词的例子？

李威：就举几个我上课经常讲的吧，因为记单词的方法很多，以后专门再写一本书系统讲解。我常用的方式就是拆分记忆法，先观察发现里面有没有熟悉的部分，拆分之后可以和意思一起编成故事。

比如，cliche 的意思是陈词滥调，cli 根据读音可以联想到克林顿，che 可以很容易想到拼音：车。我的故事是：克林顿边开车边教训孩子，说的话都是陈词滥调，孩子在旁边听得直捂耳朵。

buffet 的意思是火车上的餐车、自助餐，bu 我联想到布什，ff 像两个拐棍，et 则想到 ET 外星人，串联成故事就是：布什拄着两个拐棍和 ET 外星人在餐车上吃自助餐。

另一种方式是比较记忆法，比如 repeal（废止），这个单词和 repeat（重复）只相差一个字母 l，l 我一般会联想成棍子，想象一个儿子被父亲棍打的画面，然后一个警察说："'棍棒之下出孝子'的做法不要再重复了，打人是违法的，这种行为已经被废止了！"

第四章
最强大脑"忆"鸣惊人

"cliche"的联想画面　庄晓娟绘

"buffet"的联想画面　庄晓娟绘

文魁： 这两种确实是比较常见的方法，还有词根词缀、自然拼读、语境记忆、串烧记忆，都可以综合运用。不过你挑战的这个项目，可比英语单词难多了吧，毕竟我们学了十几年英语了，你又没有学过这些语言，当时怎么准备的？

李威： 编导给我寄了这八种小语种的字典，但字典里连八种小语种比较全的字母表都找不到，百度搜索了很久也没有找到，最后通过维基百科才找全了。当时就把八种小语种的数百个非常相近的字母给认识了，能够区分出来。当时身体一直不舒服，所以也没怎么准备。

文魁： 你这样都赢了林建东？

李威： 和林建东 PK 时我没有抱任何希望，但万万没想到，我居然赢了他。那时距离正式录制只有 5 天时间，要做的功课还有很多。因为不知道该如何发音，我就只能从形象上来记忆，就类似于我们汉字里的象形文字，比如日、月、水、火，熟悉这些基本的汉字之后，我们可以将复杂的汉字拆分成不同的部分，再编一个故事来记忆。比如"休"可以想象是一个人在木头旁边休息，"闽"可以想象一个虫子关在门里。

你看过我挑战时的这些语言就知道，简直就像是"天书"，陶晶莹说："这就是另外一个世界，一定只有神一样存在的人才懂的。"对我而言，它就是一堆抽象图形，我就看它们看起来像什么。

"游泳"的泰米尔语在我看来，第一个字母像写字台（上面的 e 像台灯，下面 b 的尾巴像电线），第二个像坐了一个人的独轮手推车，第三个像空着的独轮手推车，第四个像一个人骑着少了一个轮子的自行车，然后我进行联想记忆：我在写字台写完作业后，坐在独轮车上撞到了骑自行车的人，把他撞到水里"游泳"去了。其他的语种也是类似的方法，可以看到，我的记忆工程量是非常大的。

游泳 swimming

நீச்சல் （泰米尔语）(Tamil)

ว่ายน้ำ （泰语）(Thai)

شنا （波斯语）(Persian)

ရေကူး （缅甸语）(Burmese)

පිහිනීම （僧伽罗语）(Sinhala)

文魁：你的对手好像比较厉害，她的本职工作就是翻译吧？

李威：是的，对手是英国选手 Katie Kermode，她是英国的女子记忆冠军，天生记忆力就非常不错，还保持了一项人名面孔记忆的世界纪录。她精通 5 种语言，熟悉 20 多个语种，如果没有做好精心的准备，与她的对战无疑是"关公面前耍大刀"。

我在比赛前对于整个小语种的发音，还有一些构词规则，实际上都不清楚，导致我在这个项目速度上不够快，但是 Katie Kermode 在提前知道了挑战规则之后，结合她的专业知识做了大量准备，最终她找到了比我更多的词汇。这次挑战失败是我在《最强大脑》第一次也是唯一一次失败，它给了我一个深刻的教训，就是任何项目要想取胜，必须投入足够的时间去准备。

世界大辞典

文魁：我觉得《最强大脑》每个项目只有一周左右训练，是很难达到比较高的水准的，特别是你非常陌生的项目，要搞懂一门语言都得很长时间啊，何况是"八国联军"？这项目输了也不丢人。

李威：是的，所以我想继续，扳回一局！

第五节　牛仔很忙，记忆很疯狂

李威："世界大辞典"挑战失败，心里当然很失落，但我很快化悲痛为力量，希望借《最强大脑》美国场的项目"牛仔很忙"再次证明自己。它是在我比较擅长的图形记忆范畴内的，是第一季斑点狗项目的升级版。

在两天时间里，我和美国最年轻的记忆大师Johnny在伊利金典农场去观察1900头奶牛，然后记住它对应的耳标号。录制VCR的时候，为了给冠名商做广告,我们不得不一次又一次去喝金典牛奶。当时南京突然降温,我吹了两天风,肋间神经痛更加严重,不得已就近去医院开了一些药,后来又到大医院做了针灸,还开了一些中药进行调理,一切只为能够在对抗美国时有更好的发挥。

在现场挑战的时候,我的妻子和女儿也来到现场为我加油助威。第一轮是随便牵上来三头奶牛,要凭奶牛身上的花纹填写耳标号。我已经把奶牛在脑海中回想了一遍又一遍,甚至做梦都会梦到这些奶牛,所以我用非常短的时间就快速找到了这些奶牛。舒淇当时很震惊地说了一声:"真的,假的?"

第二轮要根据嘉宾随机抽出的耳标号,找出对应奶牛身上局部图案的六块拼图碎片。我因为第一轮已经占了上风,这一次就相对比较平稳。当舒淇出题时,由于前两次在《最强大脑》节目中挑着出题导致林建东和我都回答很困难,这次都不敢再挑了,就闭着眼睛随便抓了一个。对于准备充分的我而言,随便怎么考都没有问题,最终我以全对的成绩赢得了这次胜利。

牛仔很忙

文魁：这么多奶牛，都长得差不多啊，你是怎么记住的呢？

李威："牛仔很忙"的记忆核心还是配对联想法，难点是要去观察并且找到奶牛花纹的特征并且形象化。在第二轮挑战中，图片取自奶牛的左边躯干部分。比如下面这头奶牛，我找到的特征是圆圈内的图案，类似于一个黑色的火把，当然也像手捧花、冰淇淋、电动剃须刀等。假设它对应的耳标号是421，421的编码是"死鳄鱼"，可以想象一个火把烧死了鳄鱼。进行配对联想并且多次复习之后，就建立了条件反射，看到这个局部特征，就可以快速反应出对应的号码了。

当然，现场挑战时需要找出左边躯干中间部分图案对应的6个碎片，我需要记住更大面积的图案才能完成这个挑战，原理也是一样的。

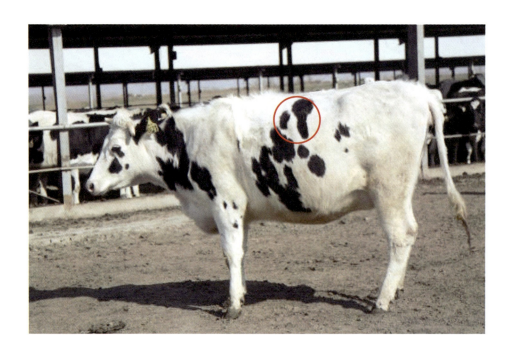

文魁： 第二季结束的时候，是什么感受？

李威： 我觉得还有点不过瘾，我问还有没有第三季，节目组说："寻找到合适的选手就可能还会有！做第一季时，找这些选手就已经非常困难了，第二季我们更是跑遍了全中国去寻找最强大脑。"

我真心希望还有下一季，让更多人能够看到人类大脑的潜能，在《最强大脑》的舞台上，呈现出人类惊人的记忆力、超强的观察能力、绝对的音高分辨能力、超级快的计算能力、超强的空间感知能力，等等。除了王昱珩、孙亦廷、周玮等有一定天赋之外，其他人都是后天训练出来的最强大脑，这也是我们每个人与生俱来的潜能。

在节目里有 80% 以上选手都是参加过世界脑力锦标赛的选手，绝大部分是"世界记忆大师"。当观众都惊叹于他们惊人的大脑时，其实我们都很清楚，很多人之前在智力方面很普通，不过是掌握了记忆法并且训练到极致，并且借助《最强大脑》这个舞台来展现出他们的能力罢了。我相信还会有一批新选手涌现出来撑起第三季。

第六节 中国队长战胜脑力大帝

文魁： 第三季是什么时候邀请你的呢？

李威： 2015 年 7 月份，编导给我打电话说："第三季第一场要进行第一季和第二季的最强选手之间的 PK，选出四位队长来，如果让王峰、王昱珩做你的对手，你愿不愿意来挑战？"我说："我去《最强大脑》并不是为了战胜谁,而是为了提高自己,如果项目有意思,我能够完成,我就去。"

两个多月后,我在南京出差,凌晨三点的时候,编导跑到机场约我一见,他们的工作也是够拼的。编导带了两个雪花屏电视的片段,说这个项目是为我量身定做的。当时我看完之后真是叫苦不迭,什么叫量身定做?为我量身定做的,我居然不知道这个项目怎么去完成,完全是一点头绪都没有,所以我觉得这个项目有意思,就接了。

文魁: 这个项目不会送台电视给你训练吧?

李威: 节目组没有给我训练的素材,我只能自己想办法去模拟训练。有一天晚上,我盯着没有信号的电视看了很久,才发现盯久了就会产生幻觉。所以挑战时不太可能满屏幕去找特征,只能在一个相对固定的角落去找。但即使是盯着一个角落,也会产生幻觉,而且雪花屏不停地在闪动,怎样去记录这些特征也非常伤脑筋。

直到录制 VCR 时,我才知道我的对手是郑才千。我们在 2010 年世界脑力锦标赛上有过切磋,他以 6342 分排名世界第八,而我以 6222 分排名世界第九。节目组给我们定义的是争夺"中国观察界最强者",但其实我们擅长的都是记忆力,这封号非"水哥"王昱珩莫属,我可不敢要。

文魁: 当时有赢的把握吗?

李威: 其实没有什么把握。我到了正式录制的前一周,才找到了一种不是最快但最稳定的记忆方法。比赛时有五十台雪花电视机,每台闪现十秒钟的雪花片段让我们记忆,然后由嘉宾随机抽选三台,要我们写出对应的位置。如果一味求快的话,很可能会失误,有时候"慢即是快,快即是慢",在追求极致的舞台上,稳定发挥比什么都重要。

在挑战之前,大部分评委都认为郑才千会赢,刚开始两轮他确实比我快,但"心急吃不了热豆腐",他不小心出了一些失误,而我依然调整好自己的心态,最后一轮采取了保守措施,确保最终写出来就是对的,最后夺得了这场比赛的胜利。

在节目播出时,大家对郑才千站位等问题有一些非议,但是我觉得他能够放下之前的荣誉,有勇气重回《最强大脑》的舞台,而且是挑战这样高难度的项目,他本身就已经战胜了自己。

雪花之谜

文魁: 相比较而言,你赢在了心态,有队长的沉稳之风!最终你是怎么记忆的呢?

李威: 这个项目由于雪花点非常小,不同屏幕会呈现极其类似的特征,如果稍不留意,就会出现识别错误,郑才千估计就是这样出现了混淆。我们一起先来看看一张静态的雪花图,由于比电视的屏幕小,识别起来更困难。

如果把局部放大，会发现它类似于二维码，观察发现右下角有一个类似于"白色叉子"的图形，这就是这个电视机雪花静态的特征，然后和对应的电视机编号的数字编码联想即可，比如 23 的编码是和尚，可以想象一个和尚用铁头功把竖立着的白色叉子给砸弯了。

当然动态的雪花电视项目会比这样静态的观察难很多，也会有可能因为幻觉导致失误，但大体也遵循这样的记忆思路，你需要记住一段没有意义的动画后再与相应的数字进行配对联想。

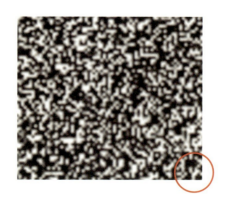

文魁：如果找到了方法，记忆起来也相对容易了。后来你晋级后，每周都要去《最强大脑》吗？

李威：是啊，我每周五飞到南京，周一又返回深圳，录节目成为我的兼职工作，我在第二现场和其他队长一起观看整场比赛，无聊时就对节目吐吐槽，不小心成了第二现场的"段子王"。

文魁：作为"资深观察员"，你对第三季怎么看？

李威：这一季《最强大脑》整体上有非常多的突破——第一个是项目难度的升级，比如说"雪花电视"实际上是静态的二维码进行快速跳动的升级版，李俊成挑战的"心心相印"是原来指纹识记的升级版；第二个是节目的科技感更强，比如，苏清波挑战的"光点美人"，袁梦挑战的"看见你的声音"，沈书涵挑战的"脑电疑云"；第三个就是传统文化和时尚文化相结合，扎染、大青衣、窗花等项目都有浓浓的传统风味。同时为了"让科学在年轻人中流行起来"，节目嘉宾也请了TFBOYS等偶像，增加了很多趣味的挑战，《最强大脑》节目组的编导们为节目效果绞尽脑汁，也可以称得上是"最强大脑"了。

文魁：你当时还有一个任务就是选队员吧？你最看好哪些人？

李威：我选队员的条件只有三个：第一个是能力足够强，包括观察力、记忆力、反应力等综合实力；第二个是心态要好，不仅能够在节目中战胜自己，而且要有战胜他人的经历；第三个就是愿意和我一起并肩作战，共同对抗德国这个强敌。

我很早就盯上了陈智强，他在"星际迷航"和"新年窗花"上表现很棒，而且他是记忆比赛的中国少年组总冠军，并且是"国际记忆大师"和"亚洲记忆大师"，最终他也不负众望在"冰雪奇缘"项目上战胜了德国选手，还成了"最强大脑全球脑王"，"英雄出少年"，你当年是怎么发现这样的好苗子的？

文魁： 我比较爱才，2014 年沈书涵举办的"极忆杯"邀请我去做嘉宾，我就提出可以给一个赞助：前三名可以免费跟我训练，去参加世界脑力锦标赛。当时陈智强夺得总冠军，就跑到武汉来训练了，当时一起训练的还有郑爱强、苏清波、李俊成这些选手。后来他每期集训都过来参加，即使是中考前夕，也坚持每天训练，他把训练记忆当成一种快乐，我觉得这是非常难得的一点。

我前几天去看他录制"脑王争霸赛"，看到他的手一直在发抖，但他就为了赌一口气，他说："一定要把脑王奖杯留在中国。"这句话让我非常感动。当他挑战成功的时候，我的眼泪也忍不住流了下来。为了参加录制《最强大脑》，他两三个月都没怎么去学校上课，录完节目凌晨三点去参加中国记忆比赛，世界脑力锦标赛结束又立即飞往南京继续录节目，录制中国战队 VCR 时还发了高烧。真的很心疼这个孩子，希望他之后可以好好吃，好好玩，至于学习，我从不担心！

李威： 是的，小小强身上有一种不服输的精神，他是一个单纯善良、乐观向上的孩子，我们都非常喜欢他，能够和他一起并肩作战非常开心。当时很遗憾没能现场观战，看到你在微信里发来的照片，我真心为你感到高兴，培养了这么优秀的学生！

陈智强与袁文魁

文魁：师傅领进门，修行看个人。遇到他，也是我的幸运！一切都是最好的安排！其实，当时我一直以为你会进入"脑王争霸赛"，毕竟你战胜了脑力大帝马劳，你当时是怎么做到的？

李威："像素大战"这个项目其实并不复杂，只是对选手的记忆速度和提取速度要求非常高。我相信给更长的时间有很多人可以完成，就如记一副扑克牌有很多人可以完成，但是达到20秒左右的人却极少。这个项目需要我们在10分钟内将100幅像素图和与之对应的100个三位数进行快速的匹配记忆。每幅像素图有25×25个格子，每个格子里面填充的颜色有10种可能。因为只有100幅像素图，我们基本只记住前3个空格的颜色，就可以将所有像素图进行区别了。因为从概率上讲，前3个空格颜色重复的可能性非常小，如果发现重复，可以临时多记1个空格。

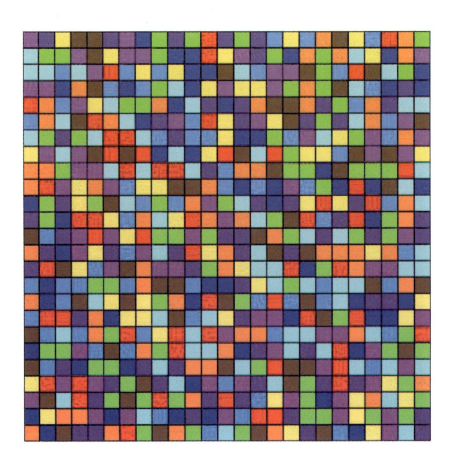

我的编码方法和"辨变脸"类似,就是把颜色变成数字,如下:

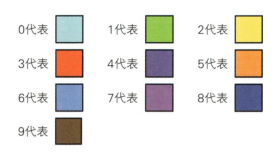

上面这幅图对应的数字是742,可以谐音为"气死鹅",是一只被气得胀破了肚子的鹅的形象。如果这幅图匹配的三位数是211,我联想到的是我的母校武汉大学的校门,可以想象成一只被气得胀破肚子的鹅飞到了武汉大学校门上。这样在看到第一排的前三个色块后,我就立刻快速反应出对应的三位数。其实原理很简单,关键就看记忆速度和提取速度了,所以这个也只是险胜了。

文魁: 你赢得了几场比赛,你觉得你的优势在哪里?

李威: 其实,论世界记忆排名,我比有一些选手都要低一些,与马劳更是不在一个重量级上,但我更懂得如何分析、比较和找到更优的解决方案。这些能力来自于之前的学习、训练、比赛和工作中的长期运用,也来自于与其他选手的交流。《最强大脑》的舞台之所以迷人,也在于它体现了人类是如何运用才智去克服不可思议的难题。

李威挑战《最强大脑》项目：辨变脸、碎颜修复、世界大辞典、牛仔很忙、雪花之谜、像素大战　庄晓娟绘

第七节　最强大脑也是读心神探

文魁： 最近，"水哥探案"好像被炒得沸沸扬扬，"最不强大脑王昱珩"这个微博都有100多万粉丝啦，你好像和他走得特别近？

李威： 这哥们真是一个特立独行的人，我跟他怎么熟的呢？最开始拍摄节目时还不觉得什么，后来因为我们都有孩子，就聊得比较多一点。优优去北京做手术，干脆住他家里，他和他妈妈都非常热心地帮助我，后来第三季经常在一起，就越来越熟悉了。

他是个很有天赋的人，他小学时画的第一幅画就拿了全国大奖，后来也不怎么画画。他说他初中去中央美院，老师说他的绘画水平跟本科生相当了。后来他高中三年比较轻松，高考时考了全国第一，比第二名高出几十分，他就是这种人。读大学时，别人画了二十次才能画得像的东西，他不需要任何练习，只画一次就画得很像。

他原来不觉得这是天赋，后来才觉得可能真有天赋的因素，他毕业之后也从来没画过画。有一次看《最强大脑》挑鸡蛋的节目，他觉得这有什么难的，于是自己报名去测试了，很小的红豆他都能够区分出来。录制前几个月，他在打羽毛球时眼睛受伤了，一个眼睛已经不能聚焦了，看到的楼梯都是平面的，所以想通过画画找回感觉，就又重新开始画画了。他觉得画画是一件神圣的事情，也从来不把它当作是谋生的手段。

文魁： 据说水哥家里就是一个花鸟世界？

李威： 是啊，简直像是一座森林公园，动植物种类异常丰富，从热带雨林到高寒植物，从高空飞鸟到海底珊瑚，甚至还有乌龟和蛇，都在他的照料下长得健康活泼、生机盎然。和他一起上节目的那只亚马逊鹦鹉叫"帅帅"，他们平日里一同洗漱，一同画画，一起抢水喝，我觉得非常好玩。他的爱好也特别多，他还做了一些植物墙的模拟系统，生物环境控制系统，还自己去做机器人，感觉这人什么都会，反正是挺有趣的一个人。

文魁： 他的观察能力真那么厉害？节目里的表现太牛了！

李威： 确实还是有一点天赋吧，但也有一些技巧可以学习。当时

《最强大脑》第三季黄胜华看包子以及申一帆看核桃，开始都没有什么头绪，在他的指导之下，最终都能够完成挑战了。水哥曾经说："观察要用心，这个用心指的是要有童心，比如，哪怕是女朋友跟你吵架也能看到她特别可爱的表情，蛮不讲理的样子。"

文魁： 确实要有孩子般的童心，我们平时谁没事看鸡蛋、看蚂蚁啊？只有小孩子时才做这些事情，现在的教育也比较忽略这一块，只是通过书本来学习，是违背孩子的天性的。那你有没有向他取经？

李威： 其实"碎颜修复"这个项目就差不多是我和他一起完成的。他其实什么技巧都没教我，只告诉我什么地方有个什么东西，让我仔细看看。原来我不在意的东西，现在发现真的不一样，比如眼睛的睫毛有交叉的，有长有短。他让我更深地体悟到："注意是观察的基础。"他让我知道怎么去找特点，其实这点就足够了。他挑战的很多项目，看扇子、看水、看叶子、看唇印，我都觉得是充分发挥了他的优势。

文魁： 上次你和马劳挑战那次，我们一起吃饭时就见识了，他说要把"全球脑王"奖杯不小心给砸了，说没有人能够称得上"全球脑王"，顶多发个小金鸡、小泥偶什么的。他说："我不是最强大脑，我来这个舞台只是为了证明某些人并不是最强大脑，当然我也不是；从另一个方面讲，我能登上这个舞台证明人人都可以是最强大脑。"

水哥就是一个性情中人啊，有着我没有的率性和真实，颇有点"当代鲁迅"的感觉，什么都敢说，不怕得罪人，而且也特别仗义，有点古代行走江湖的大侠的感觉，他参与破案也确实蛮火的，看报道你也一起参与了？

李威： 案件是发生在山东潍坊，当时是一辆车撞死人逃逸了。但当时事发在晚上，罪犯避开了很多摄像头，导致能拍到的画面不多，而且车牌根本看不清楚。当地警察就觉得观察力敏锐的人可能能帮助他们，就通过《最强大脑》节目组联系到王昱珩。

在录制现场，警察拿了录像过来，王昱珩跟我一起看的，就看出车牌上可能有哪些数字，有哪几个字母，反正车牌带编号总共就六个信息，能确定两个就减少百倍工作量了。当时我帮他把视频调整到几个最容易分辨的画面，一起推断最可能是哪几个字母，我干的就是这个工作。

王昱珩确实非常聪明。他一看这灯，就知道是大众的哪款车，一看录像就知道在哪个地方撞的。他的推理能力很不错，推断这个人的习性、年龄和作风，有效地缩小了范围，便于警方排查。

但我问他说："老王，这案子破了，你觉得跟你有多少关系？"

他说："其实我发挥的作用有限，主要还是警方排查几万辆车查出来的。"

他确实是帮警方缩小了排查范围。破案的事连《人民日报》的官方微博都转发相关报道了，现在这新闻可能有上亿人看过了，他确实火了。我当时还发了一个朋友圈："老王除了养花养鸟，总算做了一点正事！"目前有一个黄金大劫案他也在参与过程中，他都可以转行去当侦探了，不输给柯南和福尔摩斯。

文魁： 说起探案，前段时间的《唐人街探案》，看到导演发的微博，说："感谢那次《最强大脑》节目组的配合，这是我很喜欢的一个节目。

还有李威的那次长谈，确实给我的创作带来很多灵感。生活中，有很多像'老秦'一样具备'超级功能'的人，他们就在我们中间。"当时是怎么一回事，你给他讲了些什么？

李威： 当时我刚刚挑战完"辨变脸"，《最强大脑》节目导演告诉我，有位导演希望和我见面交流一下。

导演开门见山地说："李威，我正在筹备拍摄《唐人街探案》，主角刘昊然将拥有敏锐的观察力和超强的记忆力，与你展示的能力十分类似。我想了解一下超级记忆力的原理和技巧，好让这个剧本更有科学性和真实性。你到底是如何完成这不可思议的挑战的？"

文魁： 你当时是怎么讲的？切换到你们的教学模式！

李威： 对于没有记忆法基础的人来说，和他直接讲"辨变脸"的挑战方法其实还挺困难的。于是我问了他一个问题："在回答你的问题前，我先问下你对星座了解么？"

导演： 还行，我是双鱼座的。

李威： 可以按照顺序说出来 12 星座吗？

导演： 这个还真说不全。

李威： 我分享一下"身体定桩法"，让你快速记住星座的顺序。首先我们按照顺序在身体上找 12 个部位。第一个是头发，可以用手理理头发。第二个是眼睛，揉一下眼睛。第三个是耳朵，摸摸耳垂。第四个是鼻子，深呼吸一下。第五个是嘴巴，慢慢地咀嚼一下。第六个是肩膀，耸耸肩膀。第七个是手肘，第八个是手掌，手掌摸一下肚子，肚子是第九个，第十个是屁股，第十一个是小腿，小腿连着第十二个部位脚掌。可以重复一下吗？

导演： 头发、眼睛、耳朵、鼻子、嘴巴、肩膀、手肘、手掌、肚子、屁股、小腿和脚掌。这个很简单呀，因为是有顺序的。

李威： 我们很擅长记住熟悉有顺序的东西，现在我们将十二星座与这十二个部位分别进行联想。我举两个例子，白羊和头发，可以想成一只白羊站在我的头上脱毛，最后我的头发全部变成白的啦。金牛和眼睛可以怎么联想呢？可以想象你和金牛四目相对，大眼瞪小眼！

耳朵和双子座怎么联想呢？

导演： 我们有两只耳朵，所以可以和双子座对应上。

李威： 好的，这是找到它们之间的联系，另外我们还可以用"主动出击法"，就是直接用特定的动作来联想，比如想象一对双胞胎分别揪着我的左右耳，揪得我嗷嗷直叫，加入一点夸张和感官的联想，印象会更加深刻。巨蟹和鼻子可以怎么联想呢？

导演： 那就想象一只巨大的螃蟹夹住了鼻子，夹出了血！

李威： 不错哦，你的想象力挺棒的！那狮子和嘴巴呢？

导演： OK！你这么一说我就知道该往哪个方向去想象了。那嘴巴与狮子座可以想成"狮子大开口"吧！肩膀和处女座可以想成小女儿坐在父亲的肩膀上，或者想象在给父亲捏肩膀按摩。

李威： 很好哦！继续吧！

导演： 手肘和天秤，可以想成用两个手肘夹着一个天秤，手掌和天蝎座，可以想象成手掌在天上抓住一只大蝎子，然后是射手，可以想成射出一根箭，射中了肚子，肚子都流血了。屁股和摩羯座怎么想呢？我想不出摩羯的样子。

李威： 摩羯座别称"山羊座"，和山羊长得差不多。如果实在想不到它的样子，可以谐音成"磨结"，想成屁股在椅子上磨来磨去，最终磨出一个蝴蝶结的图案。

导演： 这样也可以呀，不过我确实记住了，看来想象力还真是可以无穷无尽。接下来是小腿和水瓶座，小腿的形状像水瓶的瓶胆一样，双脚和双鱼座想成脚上踩着两条鱼。

李威： 非常好。您试一下能不能回忆起来十二星座呢？

导演： 头发对应的是白羊座，眼睛对应的是金牛座，然后是双子座、巨蟹座、狮子座、处女座、天秤座、天蝎座、射手座、摩羯座、水瓶座和双鱼座。嗯，还真有效呢，一次就记下来了。脸谱也是这么记的？

李威： 差不多，只是我用的是"地点定桩法"，每张脸谱不是与身体部位建立联系，而是与我大脑中的一些按顺序摆放的地点建立联系。不过每张脸谱的记忆信息比较多，需要一定的分析和训练。

导演： 有意思，有意思，这个方法我可以运用到电影中，要是刘昊然回忆信息的时候，就像是在脑海中慢镜头回放就酷毙了。

李威： 后来我们又深入聊了很多，我给他讲了我们常用的记忆方法，记忆大师是怎样练成的，大脑记忆的三个环节和四个规律等。不知不觉都已经到了十二点半，我们不得不结束会面！

文魁： 我和老婆也特别去电影院看了《唐人街探案》，秦风同时快进查看四台监控长达七天的录像，以及秦风看不懂泰文却能记住数本泰文资料，这让我瞬间穿越到《最强大脑》，这和你的"世界大词典"项目挺像的，不过还是感觉有些夸张。

这些年从《读心神探》到《神探夏洛克》，越来越多的影视作品里都提到了记忆法。这部《唐人街探案》还有以前的《中国合伙人》也都有一些涉及，据说《催眠大师》第二部《记忆大师》年底就上映了。我希望未来有一天，我们可以将脑力圈里大家追梦的故事写出来，拍成一部青春励志和心灵成长的电影，一定会激励和影响到很多人，身边有好多人的故事让我确实很感动，你就是其中之一！

李威： 我也相信会有这么一天的，到时候我可以本色出演，哈哈！

文魁： 你经过《最强大脑》这两季，都可以跨界当演员了！

最后问你一个问题，你觉得记忆法对你到底有什么改变？

李威： 其实最大的改变，是对自身潜能的认识。最开始认为自己的记忆力是天生的，经过练习才发现，自己的天赋是可以改变的，而且当你有着明确的目标时，很多看似不可能的事，只要摆正心态，制订好计划，一步步慢慢来，也是可以循序渐进地完成的。

文魁： 和我一样，最大的收获不在于外在财富，而在心灵的成长。未来我们还要一起共同去探索，让记忆法可以帮更多人变得不一样，就像我经常说的：打造最强大脑，人生无限美好！

粉丝眼中的李威

弯都

从第二季开始看最强大脑，高手如林的脑力界，有一个人即使在鬼才王昱珩面前也毫不逊色。这个谦逊、稳定、低调的技巧型选手，就是李威。我不知道李威的能力极限在哪里，但有他参与的每一场比赛，我都心安。看到第三季，我看不到有其他人比李威更值得喜欢。不想说再见😢 @我的最强大脑之旅

今天 03:28 来自 iPhone 5s

H华华Baby ⭐：你应该继续比赛下去，因为大家都想看
3月9日 16:26　　回复　👍 7

为JacksonYi献出心脏👑：别走，好吗？😢 @最强大脑李威
3月7日 18:11　　回复　👍 45

新百伦实体店铺👑：好想再看你比赛！认真的男人魅力无限！希望下一季还能见到你~
3月7日 21:19　　回复　👍 12

嘻嘻公主不是茜茜公主：好喜欢你~
3月7日 17:50　　回复　👍 20

魏大大宁子：刚看完对德国的比赛 赛后李威的一番话真的 最有风度的男人没有之一
3月8日 12:36　　回复　👍 14

HelenWang莹莹：沉着冷静/不娇不媚^威哥v5👍
3月7日 17:50　　回复　👍 13

糖家_宝贝👑：男神
3月7日 19:24　　回复　👍 6

llSonia：就想看你呀，李校长🙂🙂
3月7日 18:51　　回复　👍 13

后记

全国金奖的讲稿

2015年8月,我在深圳市中心书城进行公益讲座,当时有15位观众参与到互动项目中。其中1位六年级的小学生一直在我的微博上和我互动,而且我俩家离得比较近,我就给她留了微信号。在2016年5月12日晚上9点半,她给我微信留言:"老师,我想请教个问题:因为我14号北京有个比赛,要背一篇比较长的讲解稿,时间比较紧,老师今天才给我稿子,有没有什么背起来能够轻松一点的办法呀?"她把讲稿发给了我,讲稿内容如下:

尊敬的各位评委老师,亲爱的同学们:

大家早上好!我是来自广东省深圳市龙岗区平安里学校的学生。我叫赖彤彤(化名),担任今天介绍的主讲人。(队员介绍)我们的建筑主题是"古兰之寺,未来之城"。

首先,我们这个建筑群用到的材料有:木板、雪弗板、502胶水、铁丝、铜丝、树叶、模型小车、杜邦线、audrino板、继电器、电压调节器、LED灯、面包板及绝缘胶。制作时,因为时间紧张,手工裁切过于缓慢,所以我们采用了激光切割技术解决了时间紧的问题。接着,让我们回归正题,介绍我们的作品。

"一带一路"的开展加速了地球村的建成进程,来自于五湖四海的文化因为这样一个纽带紧密地联系在了一起。宗教、城市、历史、人文、古典和现代，在未来将如何更好地交融？我们选取了伊斯兰教具有代表性和传奇色彩的建筑——塞利米耶清真寺来作为我们建筑群的主题元素。在经典之上加以想象，构建出了我们理想中的未来之城！

我们设计的建筑位于哈萨克斯坦的首都——阿拉木图。阿拉木图是整个中亚的金融、教育中心以及中亚最大的贸易中心和城市。塞利米耶清真寺位于阿拉木图外阿赖山前的平原地带。处于外伊犁阿拉套山脉北麓伊犁河支流大、小阿尔马廷卡河畔的人工灌溉绿洲中。

我们建筑群的设计根据阿拉木图的风格，展现了古典与现代的交融。古兰之寺，是阿拉木图伊斯兰教的重要建筑类型，周边的现代建筑群又与之交汇，形成了集宗教信仰、居住、工作、娱乐等于一身的城市系统。设计中的高架桥等展现了阿拉木图的飞速发展。我们以光为表现的形式，希望能借以预示这座城市光明的未来！

未来人的生活会是怎样？他们依然居住在这片富饶并且充满古典气息的土地上，可他们的生命和思想却经历了翻天覆地的改变。便捷，舒适，轻松，快乐，这样的生活谁不向往呢？而实现他们梦想的建筑设计，就在我们的手中！

谢谢大家！

她参加的比赛叫"全国未来工程师科技比赛"，讲稿有一定的难度，我看完讲稿后发现存在以下三个背诵的难点：

如何记住各段的顺序？

如何记住文中并列的一些词语？

如何记住一些生僻的地名？

为了解决第一个难点，我选择了身体定桩法。第一段的作用是自我介绍，正好和头部可以对应，用头部代表自我介绍。第二段介绍使用的材料和制作方式，我选择与肩部对应，想象肩部放着很多的制作材料并用激光进行切割。第三段讲设计思路和主题元素，我选择与心脏对应。我们常说用心、心思等，用心想这次设计思路和主题元素。第四段讲建筑物地点，可以与肚子对应。想象成建筑物放在肚子上。第五段写建筑物的风格，可以与皮带进行对应，我的皮带风格很独特。第六段讲对未来的思考，未来是需要不断向前迈步的，可以与脚对应。

接下来怎么记住长串并列词语呢？我们可以归类调整顺序，比如将第二段中的材料调整为：板材：木板、雪弗板、audrino板、面包板；线材：铁丝、铜丝、杜邦线；电器：继电器、电压调节器、LED灯；辅料：模型小车、树叶、502胶水及绝缘胶。也可以使用串联法进行记忆，例如将第三段的"宗教、城市、历史、人文、古典和现代"想成这座以宗教闻名的城市历史悠久，充满人文气息，古典和现代相融合。

地名的记忆主要使用谐音的方法，如塞利米耶谐音为"晒粒米，耶"，阿拉木图谐音为"啊，拉木头"，外伊犁谐音为"外衣里"，阿尔马廷卡谐音为"啊，二妈停卡"等等。

刘延东副总理参观"古兰之寺，未来之城"的展台

5月13日早上，我看到讲稿后进行了简单调整并进行了标注，告诉她"用身体定桩法我已经记下来了，我给你讲下"，然后给她语音留言。她回复："好的！太感谢老师了，早上在飞机上的时候我就背稿子了。"5月17日就收到了她的喜讯："李威老师，谢谢您。用这个方法我很快就把稿子记下来了，所以比赛发挥不错。告诉您个喜讯：我们老师说我们得了金奖（全国只有两个）！谢谢李威老师。"

5月19日，她又给我留言："李威老师，您开课么？我要第一个报名。"

不一样的核反应

在之前交流中，赖彤彤告诉我，她大多数时候是全年级第一名，她想报考"深圳市百合外国语学校"（2015年中考平均成绩全市排名第一）。前几天碰到她，她略带沮丧地告诉我，她没有报上名。原来在她比赛的第二天（2016年5月15日），"深圳市百合外国语学校"开始进行考试报名，虽然她的爸爸妈妈使用了两台电脑来进行报名，但仍然没有抢到参加考试的资格。我上网查了下，据说当天有2万多人争抢3000个报名考试的名额，最夸张的是有的家庭动员了20多位亲属朋友帮忙。但即使考试报名成功，最终录取的比率也仅为1∶8。

不仅是初中，好高中也是稀缺资源。深圳有四所高中比较出名，被称为"四大"（四大名校简称）。2015年"四大"总共录取人数为3074人，去掉特长生、自主招生、学校初中部直升和指标生，通过普通渠道录取的考生仅为1495名，仅占全市中考人数的2.25%。

孩子之所以付出极大的努力要进入名校，是因为名校有更优秀的老师和更丰富的教学资源，就如同当年我要考入黄冈中学一样。好老师对于学校和学生的重要性是不言而喻的，当年我在黄冈中学上学时，我的老师普遍都有全国特级教师称号或高级教师职称，学校的升学率在全省遥遥领先。

顶尖的教师总是有限的，能直接由他们教学的学生人数也是有限的。如何缩小教师水平不同带给孩子的影响，如何创造更公平的教育环境？这是已有孩子的我极其关注的。一位有39年教龄和20年学校管理经验的重点小学校长告诉我："脑科学的普及也许是最好的解决方案。我们每个人学习、记忆、思考都要用到大脑，符合脑科学的方法才是好方法。特级教师、高级教师之所以能带来更好的教学效果，也肯定是因为他们的教学方式更符合脑科学。你有这么多的脑力开发经验和科学用脑心得，为什么不考虑进行推广呢？其实学习方法教育也像核的链式反应一样，你教会了一个人，他可以教给他的同学、朋友、家人，甚至以后辅导自己的孩子。教育是件功德无量的事。"

修之于身，其德乃真。修之于家，其德乃余。修之于乡，其德乃长。修之于邦，其德乃丰。修之于天下，其德乃普。确实如那位校长所说，我掌握的方法再好，如果没有传播出去，价值也是有限的。非常高兴能和袁文魁老师一起合写本书，我们既是校友也是队友。我们分别从理科生、文科生、职场人士、老师、运动员、教练等多维度对记忆方法进行呈现，希望能让更多人体会到记忆法的魅力。

本书提到的在我指导下能把半部《论语》倒背如流的四年级小女孩在深圳比较著名的一所小学上学。四年级的她已经获得了全国华罗庚金杯少年数学邀请赛的一等奖，当然背后是辛勤的付出。"我的女儿成绩很好，但也非常辛苦。希望女儿掌握科学的学习方法，提高学习效率，每天能多玩或者休息半小时。"这是她爸爸半年前的期盼。现在这个小女孩依然刻苦，但在同学眼里却拥有了"超能力"，因为再难的知识她都可以记住。

"超能力"的拥有不是一蹴而就的，这本书为您提供了学习的思路和方法，但也需要您的持续练习和运用。水平有限，书中难免出现纰漏，恳请广大读者不吝赐教，予以斧正。

2016 年 5 月 31 日

了解更多信息请关注"果冉高效学习法教育中心"